SHODENSHA
SHINSHO

ケータイを持たない理由

貴男

祥伝社新書

はじめに

私は携帯電話を持っていません。だけどスマホは持ってるぜとか、持ってるのは女房で、おいらはそいつを借りてるんだなどというややこしい冗談ではなく、ケータイと名が付くものは一切「持たず、使わず、持ち込ませず」という、非ケータイ三原則を遵守しているのであります。

どこまでヘソ曲がりなんだ、とよく言われます。今時ケータイを拒否する奴なんか世界中でお前だけだ、と。でも、実はそうでもないから世の中は面白い。私は消費税や東京電力、憲法、教育の問題、メディア論、格差社会、監視社会などのテーマで全国のあちこちに講演に赴《おもむ》く機会が多いのですが、そのたび、必ずといってよいほどの頻度で声をかけられ、握手を求められます。

「斎藤さん、僕もケータイ持ってないんです。お互いにがんばりましょう」

「ええ、ぜひとも！」

といった具合です。私に同志的な共感を抱いてくださっているのです。

私はこれまで、公《おおやけ》の場で自分のケータイ不携帯をあまり声高《こわだか》に叫んだ記憶がないのですが、雑誌か何かの短いコラムで書いたことが二、三度あります。だから、それを読んでくれていたのでしょうか……。今、書きながら気がつきました。講演を引き受ける際にはたいがいケータイの番号を聞かれ、そのつど、「すいません、私、持っていないんです」と返しているわけですから、主催者やその関係の方であれば、当然、知られていても不思議ではないのです。

ともあれ、そうやって私に声をかけてくれる方々には、程度の差はあれ、共通点がありました。日頃から職場や仲間内で肩身の狭い思いをされているらしいのです。私も同じですから、すごくよくわかります。なかなか連絡がつきにくいとか、待ち合わせですれ違いになったりするのが不安だなどという理由で、雑誌の編集者たちに、

「お願いですから、持ってくださいよ～」

と泣きつかれたことが何度あったか。私の答えはいつも、

「まあこいつは、俺のささやかなポリシーってやつだからサ。ケータイも持ってない

野郎となんか付き合いたくねえってんなら、残念だけど、それはそれで仕方ないよな」で、チャンチャン！　なのですが（今のところは）。

総務省の調べによれば、ケータイの普及率は二〇一二年三月末時点で一人一台を超えたそうです。契約数一億二千八百二十万五千件（対前年度比七・三％増）。かくて全人口に対して契約数が占める割合は一〇〇・一％となって、統計を取り始めた一九八八年度以来、初めて一〇〇％を上回ったのだとか。人口の中には赤ちゃんとか、かなりお年を召した方もたくさん含まれているわけですから、一〇〇％を超えた普及率というのがどれほどすさまじいものか、想像がつこうというものです。

ここまでくると、持たないポリシーを貫き通すのは、とてつもなく難儀です。親しい仲間内ではどうにかわかってもらえたとしても、もはや世の中の方が一人一台を前提に回っているわけですから、持っていないと生活そのものが危《あや》うくなる場合もしばしばあります。ケータイを持たざる者は人に非ず、というのが実感です。

持てば便利なのはわかりきっています。メディアとしての無限の可能性ももちろんです。あの東日本大震災の時に、ケータイのおかげで助かった人が大勢いました。二〇一二年夏現在、毎週金曜日に首相官邸の周辺で繰《く》り返されている脱原発の大規模デモだって、ツイッターの威力があってこそ。あんなにちっぽけな機械をポケットに忍ばせておくだけで、誰もが、いつでも、どこでも世界に繋《つな》がることができ、情報なり意見なりを発信することも受信することもできるのですから、そのこと自体はすばらしくないはずがありません。

個人的にも、私が二〇一〇年に『消費税のカラクリ』（講談社現代新書）という本を発表した頃、ずいぶんネットに救われました。新聞やテレビ、雑誌などの既存メディアは消費税増税バンザイ一色で、拙著のように増税反対の議論は完全に黙殺されたのに対し、一部のためにする書き込みを除いて正当に評価してくださった多くのブログやツイッター、またアマゾンのレビューなどの書き手の方々には、心から感謝しています。おかげさまで二〇一二年八月現在までに7刷3万6千部のロングセラーになっています。

まがりなりにも言論のプロであるはずのマスコミの堕落については、改めて検証する必要があると考えています。いずれにせよ、ああまで権力や財界に媚《こ》びてやまない

〝報道〟しかできなくなっているのなら、これはもう〝マスゴミ〟呼ばわりされてしまうのも、オルタナティブ・メディアとしてのネットに対する期待が高まるのも自然の成り行きだと思いました。

ちなみに、本書ではこのように、ネットとケータイをあまり厳密に区別しないで書いている場合がままあります。ケータイはネット世界の端末なので、ネットのメリットもデメリットも、ケータイによって加速も増幅もされると考えるからです。というわけで私も、ケータイを激しく批判して、この世の中から一掃してやろうとか、そんな大それたことを考えているわけではないのです。

ただ私は、ケータイをどうしても持ちたくないので持ちません。自慢ではないけど意志の薄弱さには自信がありまして、ですから「天地神明に誓って」とまで言うつもりはないのですが、今はただ、ケータイを持たない、世界で最後の一人になりたいと願うものです。

本書では、ではどうして私が、そうまでしてケータイを遠ざけるのか、を綴《つづ》っていきます。個人的な感覚だけでなく、未熟なりに多方面で積み重ねてきた取材や経験から導かれた分析やら、社会的な考察にまで話が及んでしまう場合もあると思いますが、くどいけれどケータイそのものに対する批判ではありません。そんなものはもう、何をどうやってみたところで無意味になっています。

私の講演会で握手を交《か》わした方々はもちろん、勤め先の関係とかいろいろあって今すぐ不携帯というわけにはいかないが、本当はケータイなんか持ちたくないんだよなという思いを秘められている方々に、あなたはけっして孤独ではないんだよと伝えたい。それだけです。

ケータイが好きで好きでたまらないという方々には、もしかしたら手に取っていただかないほうが賢明かもしれません。不愉快だと受け止められる可能性を恐れます。でも本音を言えば、そういう方々にも、我慢しながらでも読んでみてほしい。ああそうか、世の中にはこんな奴もいるのか、こういう考え方もあるんだということに、少しでも思いを馳《は》せていただくことができたら最高です。

二〇一二年八月

斎藤貴男《さいとうたかお》

目次

第三章　「いじめ」と「マーケティング」について

第四章　利便性の裏側にあるもの

第五章　ネオ・ラッダイトと呼ばれても

最終章　休ケータイ日のすすめ

第一章　ケータイを持たぬ者は人に非《あら》ず？

こうして私はケータイを持たなくなった

最初はほんのデキゴコロ……といいますか、ちょっとした美意識の問題だったのです。

一九九〇年代の初め頃。八〇年代後半からのバブル経済はなお続いていて、ホテルのロビーやレストランには絶えず地上げ屋やヤクザもん、彼らのスポンサーである銀行員たちが屯《たむろ》していました。

彼らはいちように、まだ一般的ではなかった携帯電話を片手に、ダミ声を張り上げていたものでした。話の中身もまた、地上げでいくら儲《もう》かったとか、「なにィ、まだ首をタテに振らねえ？　じゃあその地主んとこの庭にネコの死骸でも放り込んどけ。それでも嫌だとぬかしたら、ホレ、あの、ダンプカー突っ込ませろ」などというのばかり。

やがてカタギの人々もケータイを持ち始めると、今度は電車の中が電話ボックスと化しました。彼らもまたいちように、最先端のアイテムを駆使しているカッコイイ俺様、とでも勘違いしているらしく、周囲を睥睨《へいげい》しながら、大声でがなりたてまくるのです。それでいて電話の相手の上司だか取引先だか兄貴だかにはヘコヘコしているのが、モロに伝わってきてしまう。どいつもこいつもチンピラヤクザみたいになってしまった光景に、私はたまらない嫌悪感を覚えました。

新幹線や空港行きのバスの車内で、何度かたまりかねて注意をしたことがあります。弱い者いじめみたいに思われたら恥ずかしいので、どうしても黙っていられずに注意する場合でも、相手が自分より体格のいい男か複数か、つまりケンカになったら負ける可能性が高い時にだけ、面倒でオトロシイのを我慢して声をかけました。そうでない相手の時にはこちらのほうが他の車両に移るように心がけ、これまでのところ、警察沙汰《ざた》になったり、電車が停まったりするような事態に発展するケースを経験していないのは、ラッキー以外の何物でもありません。

あの当時、私と同じように感じていた人はけっして少なくなかったはずです。若者雑誌「週刊プレイボーイ」が、「誰もが心の中で思っていること　携帯電話・ポケベル野郎は〝社会迷惑〟だ！」という特集を組んだのもその頃です（一九九一年七月三十一日号）。

でもこれだけなら、私も多くの人々と同じように、いずれ時間の問題でケータイを愛用するようになったことでしょう。実際、ケータイが普及していくにつれて、公共空間でのマナーはそれなりに改善されてもいったのですから。

ところが私の場合、その改善ぶりも、なんだかなーという気がしたのです。電車の中やレストランでは電源を切ってくれればよいものを、そんなふうにしてくれる人など滅多にいません。その代わりにケータイを持っていないほうの手で口元を覆《おお》い、コソコソ喋《しゃべ》る人々が多数派になりました。一億総チンピラよりははるかにマシにせよ、これはこれで、「大の男がなんとまあみみっちいことよ」としか思えませんでした。俺は絶対、こんなふうな喋り方はしたくない、と感じてしまったのですね。

近年のケータイは、通話よりもメールが主流になっています。でも私に言わせれば、大の男の親指ピコピコは、小声でヒソヒソ以上にいじましい。読者の方の気に障《さわ》ったら、申し訳ないです。

ちょうどその頃、ケータイ好きの友人とはなんとなくギクシャクする場面が増えていきました。自分の価値観を他人に押しつけるつもりはないのですが、たとえば酒場や喫茶店で語らっている時に相手のケータイが鳴って、ずっと通話を続けられたりすれば、やっぱり面白くありません。他のお客さんや、お店の人に気を使います。いさかいまでは至らなくても、「自分はこいつにとってどうでもよい存在なのか」とか、「ずいぶん自分勝手な奴なんだな」と思えば、当然、その後の付き合い方も変わってきます。

それやこれや、要するに、どう転んでもケータイは自分の美意識にそぐわないのです。だから私は、持たないと決めました。

まず、公衆電話がなくなっていった

もっとも、そう考えるようになってからも、「そのうち個人の美意識なんてものは通用しない時代になるのだろうな」という予感はありました。なぜならケータイは便利すぎる。かつての電話やテレビがそうであったように、ある時期を超えたらケータイのユーザーも爆発的に増えていくだろう。そうなったらもう、持っていないと社会生活を営《いとな》めなくなる、俺なんかのひとりよがりでは、どうにも太刀《たち》打ちなんかできっこない――。

こういうのを、マーケティングの用語で、「クリティカル・マス」というのだそうです。ある商品やサービスが市場に登場すると、最初は先進的な「イノベーター」（革新者）と呼ばれる消費者層が飛びつき、次に「アーリーアダプター」（早期適応者）の層に広まって、そこから徐々に、保守的な層にも受け入れられていく。だいたい市場シェアが一六％に達すると、クリティカル・マスを迎えたとされ、普及率が一気に跳ね上がるのだといいます。

予感はたちまち的中しました。二一世紀に入る頃にはケータイ不携帯の人間など例外中の例外という感じになり、社会的に排除されるようになっていきます。

ケータイの利便性を謳歌《おうか》されている方には大袈裟《おおげさ》に聞こえるかもしれないです。けれどもあれは、私にとっては、ほとんど暴力以外の何物でもありませんでした。

まずは公衆電話に挿入したテレホンカードが、そのまま飲み込まれて出てこないケースが増えていきます。プリペイドで支払った金額分がまだ残っているのに、一方的に回収されてしまうのです。

現物が奪われているのですから、立証するのは容易ではないし、一枚あたりせいぜい数千円か数百円分を取り戻すのに要するであろう労力を考えると泣き寝入りするしかなく、私は延《の》べにして数万円単位の損害を被《こうむ》りました。

まだ残高があるのに、公衆電話に挿入しても戻されてくるテレホンカードも、珍しくなくなっていきます。こちらは現物が残るので、ＮＴＴの事業所の近くに行った時にでも立ち寄って残高を返してもらおうと考え、カバンに十数枚を忍ばせているのですが、まったく行き当たる機会がなく、もう何年もの間、そのままになっています。それもそのはず、ＮＴＴの営業拠点（かつての電話局など）は二〇〇三年末に、ごく一部だけを残して、軒並み廃止されていたのです。本書を書くために調べてわかりました。

ＮＴＴがあえて公衆電話に細工したとまでは思いません。そこまでしては計画的な泥棒です。おそらくは保守の手抜きを徹底したため、正常に作動しない公衆電話だらけになっていた、ということなのでしょう。これはこれで、未必の故意というやつではありますが。

民営化後のNTTが、人員の多かった保守部門の切り捨てを大きな経営課題にしていたことを、私は知っています。二〇〇二年に強行されたNTT東日本・西日本を合わせて十一万人の大規模リストラでも、最大のターゲットは保守部門でした。

やがてレストランや喫茶店、コンビニ、駅のホーム、雑居ビルの一階ロビー、大通りの電話ボックスに至るまで、そこにあるのが普通だった場所という場所から、公衆電話が撤去されていきます。

四国の某県では、講演に赴《おもむ》いた公立の「人権会館」からも公衆電話が消え失《う》せていて、どうしても仕事先に連絡を取る必要があった私は、困り果てた末、見知らぬ人に頭を下げ、何枚か百円玉を渡して、その方の愛機をお借りする醜態《しゅうたい》を演じさせられたこともありました。ケータイを持たない者には人権も認められないのかと、天を仰《あお》いだものです。

電話は通信のインフラではなかったのか！

二〇〇〇年代に入ると、部屋から外線電話がかけられないホテルが現われました。

あまり使われなくなった機能のために基本料金を支払うのはバカらしい、と考える経営者が増えたのです。それまでの私は、出張仕事の際、現地のホテルにチェックインしたら電話をかけまくり、気分を高揚させながら、畳み掛けるように取材を進めていくのが流儀であり、得意ワザでもあったのですが――。

新しいビジネスホテルほど、この手のコストダウンに熱心です。そんなホテルは最初から、部屋まで外線を引き込んでいないようでした。フロントに降りていけば公衆電話が置かれていないことはないものの、十円玉しか使えないピンク電話だったりします。大阪でしたか、腹を立てて外のカード式公衆電話を探すことにしたものの、そもそも撤去されまくって絶対数が少ない上に、たまに見つかる電話ボックスは長電話の先客でふさがっていて、結局、夜の街を数時間もさまよい歩く羽目になりました。

ケータイを持たないと、こういう目に遭《あ》わされるのか。泣きたくなる思いを堪《こら》えつつ、道々、考えたこと。

――電話は通信のインフラだ。だけど公衆電話はもはやアテにできなくなった。NTTは自らの公共性を放擲《ほうてき》し、インフラの端末は個人のケータイに委《ゆだ》ねられている。

とすれば、この国に住んでいる人間はいつの間《ま》にか、事実上のケータイの携帯義務を負わされてしまっているということだ。義務を厭《いと》う人間は存在を許されない時代が忍び寄りつつあるのではないか？

たしかに私はヘソ曲がりで、しかも瞬間湯沸かし器です。だったら素直にケータイを持てば何もかも解決できるものを、私にはそれができない。こういうやり方がどうしても許せないのです。

——あんまり人間を舐《な》めるなよ。そうかい、だったらこっちも意地だ。こんなものは死んでも持たねえぞ。手前らの都合のいいように操《あやつ》られるなんて、冗談じゃあねえやいッ！

仕事や人付き合いでは大いに不利益を被《こうむ》ることになるでしょう。それでも私には、自分が自分であることのほうが大事なのです。

ケータイを持たない8つの理由

以上はケータイに対する私の考え方の、最もコアにある感情の部分です。ただし、当然のことですが、それだけではありません。自称フリージャーナリストとしては、取材や調査に基づく事実関係というか、なぜケータイを持たないかという理屈の部分もたくさんあるわけです。

ケータイのいかがわしさに、どこでどう気がついて、などと言い出したらキリがないので、端緒《たんしょ》や経緯はとりあえず省きます。ただ、ケータイの黎明期から今日に至るまで、私は常に、この便利すぎる道具につきまとう、次のような不安や害毒を忘れることができずにいるということです。

ごくごく大雑把に、思いつくまま整理してみますね。

①　何よりもまず、私にはケータイが有する無限の可能性はもちろん、実現済みの諸機能を使いこなすためには絶対に必要であるべき能力も人格も備わっていないということです。

ケータイはおそらく、それだけでも産業革命に匹敵するか、もしかしたらそれ以上のインパクトを人類に与え続けていくでしょう。能力も人格も備わっていない人間がへたに扱えば、他人様《ひとさま》にどえらい損害を与えずにおかない保証はありませんし、そうならない、そうさせない自信がまったくないのです。

② そこまで根源的な問いかけはとりあえず避けたとしても、ケータイをとりまく問題はすでに山積みされています。たとえば電車内など公共空間での大迷惑です。この点は多くの方々にも共感してもらえるでしょうから、具体的なシーンをいちいち述べる必要はないでしょう。

さりとて、いつでもどこでも使えるのでなければケータイの意味がない、と主張する人も少なくありません。ケータイとはユーザーが享受するメリットの分だけ排出される迷惑を、意識的にか無意識にか、ともあれ周囲に与えつづけることで初めて成立する仕組みであると、私は理解しています。

ここ数年、駅や空港で増殖している、後ろ手でガラガラ引っ張る形のキャリーバッグとも共通する原理ではないでしょうか。自分が楽をするために三人分ほどの場所を独占し、他の歩行者の行く道をさえぎって、足を引っ掛けさせまくっていることが気にもならないらしい人が多すぎます。私はあんな連中の同類になりたくないのです。

もちろん重い荷物が持てない人や、ケータイがあれば夜道の痴漢よけにもなる女性に、同じ理屈を当てはめたいとは思いません。私はジェンダーフリーの視点を支持する立場ですが、それとこれとは別の次元の問題です。それにしても、普及の初期にはしばしば指摘されていた、ケータイが心臓を患《わずら》う人のペースメーカーに悪影響を与えるという問題は、いったいどこに飛んで行ってしまったのでしょうか。

③　ただでさえ危険な都市生活が、ケータイのお陰で、より殺人的になりました。自動車でも自転車でも運転中の通話は当たり前、歩行者の通話も当たり前。カーナビの普及も危険を加速しています。

とすれば警察の出番のはずですが、彼らは長い間、何ら手立てを打とうとしませんでした。それどころか交通事故の犠牲者たちを生贄《いけにえ》に、ケータイ関連業界への天下りルート開拓に結びつけることさえしていたのです。このことについての詳細は第二章に譲ります。

この種の取材を重ね、また実際にもケータイ片手のドライバーによる交通事故に何度か巻き込まれそうになった私は、怖くてクルマの運転ができなくなりました。通話中のドライバーに殺されるのも、自分の走行車線を通話しながら逆走してくる自転車に殺意を抱かされるのも、どちらも真っ平ごめんです。

④　あまりにも便利なので、持てば何もかもを依存してしまうに違いない自分が恐ろしい。なぜなら（持っていないので本当のところはよくわかりませんが）ケータイには家族や友人、仕事の関係者などの電話番号やメールアドレスばかりか、日常生活に必要なデータや、過去のメールのやり取りまでがすべて保管されているのでしょう？

万が一、どこかに置き忘れでもしたら、大変じゃないですか。友人が、「記憶を失う恐怖に似てるんだ」と言ったので、「脳ミソのアウトソーシングもほどほどにしろよ」と返したことがあります。仮に紛失しなくても、少なくとも私は、自分の頭がこれ以上に悪くなることには耐えられないと思うのです。

⑤　このこととも関連するのですが、あまりにも便利な道具に依存しすぎると、人は謙虚さを失い、自分が全知全能の神にでもなったかのような錯覚に陥《おちい》るのではないでしょうか。これもまた、ケータイを持っていないので本当のところがわからないのですが、そういうのは嫌だな、と思ったわけです。このことは、ケータイが小中学

生の〝いじめ〟に使われやすい現実と深い関係があるような気がします。

⑥　電磁波の問題もあります。ケータイの基地局の近くに住んでいて、体がボロボロになったという人の取材をした時には、ショックを受けました。この問題を取り上げて、各地で基地局建設に対する反対運動をしている市民グループのシンポジウムに招かれたこともありますが、主旨とは無関係に、メンバーの大半がケータイを携帯している図は、どこか異様でした。

⑦　ケータイは、監視社会あるいは監視ビジネスのインフラにもなっていきます。ICチップを埋め込んで鉄道の定期券やクレジットカード、社員証などの機能を載《の》せていく流れは、いずれ住民基本台帳ネットワークやマイ・ナンバー（税と社会保障の共通番号）すなわち国民総背番号制度と結ばれることが必定です。これらにケータイのGPS（全地球測位システム）が連動した世界を想像してみてください。

ケータイのシステムを運用する側は、ユーザーたちのあらゆる個人情報およびライフログ（行動履歴）、現在位置を検索できます。GPSというのは、もともとアメリカの軍事衛星と地上の基地局、端末の位相《いそう》などからケータイの位置情報を割り出す技術ですから、ケータイのユーザーは、それだけで米軍のコントロール下に置かれていると言っても言い過ぎではないのです。

まぁ、あまり陰謀っぽい話題はさておいて、現時点でGPSの活用に躍起なのは、民間企業のマーケッターたちです。ケータイの位置情報がわかれば、そのユーザーの足を最寄りの店舗に向けさせることもできます。一緒にいる複数のケータイユーザー一人ひとりの趣味嗜好《しこう》や懐《ふところ》具合といった個人情報が解析され、それぞれの人間関係（恋人同士、夫婦、家族、友人同士、同僚などといったふうに）把握されてディスプレイに流されてくる情報にしたがって行動すれば、たとえばレストランのベストチョイスがたやすくなるかもしれません。

たしかに便利と言えば、この上もなく便利ではあります。ただ、そうやってマーケッターに指図され、すばらしいレストランで楽しいひと時を過ごすことができたとして、それは自分自身の人生なのでしょうか。

「テレビのコマーシャルに踊らされてきた、あんたのこれまでの生活とどこがどう違うんだよ」という反論が返ってきそうです。でも私は「それとこれとはやっぱり違う、人間にはやってよいことと悪いことの線引きが、どこかにあるはずなんだ」と、どうしても考えてしまうのです。

すみません、ちょっとアツくなりすぎたようです。国民総背番号制度とか監視カメラとか、いわゆる監視社会論は、私がもう十数年にわたって取材し続けてきたテーマなもので、ついつい肩に力が入ってしまいました。監視社会とケータイとの関係については、第四章で掘り下げてみたいと思います。

⑧は、もしかしたら私がマスコミ業界に身を置いているからこそ感じる問題点なのかもしれません。ケータイ業界の、というよりも、そのカネの力、パワーの恐ろしさはとてつもないものであるということです。他の分野で活躍されている方々は、どんなふうに思われるでしょうか。

ケータイ業界からの不可解な圧力

もう十年以上も前の話です。ある週刊誌の編集長と親しく語らっていたら、彼が唐突に、こんな話をし始めたのでした……。

「いやぁ斎藤クン、携帯電話っていうのは、とんでもない存在になってきたね。もう、とてもじゃないが批判なんてできないなぁ」

どういうことですか、と当然、尋《たず》ねましたが、それ以上ははぐらかされるばかりです。自分から喋っておいて何だよ、と思ったものの、「ああ、スポンサー絡みで何かあったんだな」と解釈し、「だったら武士の情け、聞かなかったフリをしておくのが仲間内の礼儀だよな」と自分を納得させた記憶があります。

昔、ご三家、今、ケータイ。私自身が元週刊誌の記者でしたから、マスコミが批判記事を書きにくい大手スポンサーとの関係については、多少の知識はありました。ご三家というのは一九七〇年代頃によく言われた形容で、広告の出稿量が圧倒的に多かった松下電器産業（現・パナソニック）、サントリー、資生堂の三社を指《さ》しています。

二〇一一年三月十一日に起きた東日本大震災による福島第一原発事故を契機に、近頃では東京電力をはじめとする電力各社とマスコミの、広告を通じた癒着関係は誰もが知る常識になっています。〝原子力ムラ〟だなんて言い方もありますが、原発がらみだけの話ならまだしも、です。〝原子力ムラ〟が有名になるずっと以前から、ＪＲやＮＴＴの分割民営化のプロセスでも、マスコミは彼らの広告が欲しいばかりに、ずいぶんと筆を曲げていました。

どうせマスコミなんてそんなもんだろうと言われたら、返す言葉もありません。けれども、近頃はますますひどいことになっています。私も私なりにがんばってはいるつもりなのですが、どうにも力不足が否めません。

いいえ、話を広げすぎるのはよしましょう。編集長の嘆《なげ》きが、そして、私の耳にずっと残っておりました。スポンサーとモメてどうのこうのというエピソードなどイヤというほど体験も見聞きもしていましたけれど、「社会派のコワモテで鳴らしたあの人が、わざわざ問わず語りで洩《も》らしたぐらいだもの、相当のことがあったに違いない」と気がついたのです。

そこで、今回、本書を書くことになって、真っ先に思い出したというわけです。すでにその週刊誌の編集長のポストどころか、会社からも去って、別の会社に移っていた彼に連絡を取り、久方ぶりに会いました。話の性格上、実名を出せないのをご容赦ください。

元編集長によれば――、

「あんたにその話をした少し前、俺の雑誌はある大手芸能プロダクションを告発する連載を続けていたんだよ。当然、先方からは抗議が来るわな。相手方の弁護士とはずいぶんやり取りをした。淡々と、いつものようにね。

読者には大いに支持されて、部数も伸ばしたんだけど、いささか異様なことに、社内のいろんなルートで圧力みたいなものがかかってきた。記者の先輩で広告に移っていた人が、『いつまでやるんだ』と聞いてきたり、まさにその広告部門の大幹部は、ストレートに『早く止めろ』と言ってきたね。

それら自体はありがちな話ではあるけれど、でもさ、俺たちが追及してたのは芸能プロであって、広告を出してくれているスポンサー企業じゃなかった。普通ならウチの広告局が介入してくるような案件じゃないはずだったんだよ」

お前はわが社を潰《つぶ》す気か、とまで言われたといいます。冗談じゃない、俺たちはわが社のためにがんばってるんじゃないか。元編集長は本気で怒り、広告局との間で本音ベースの議論が始まります。

元編集長にも少しずつ事情がわかってきました。実はその芸能プロダクションの子会社にまた芸能プロダクションがあって、そこに所属している人気女優が、あるケータイ会社のイメージキャラクターになっている。そちらに手を回されて、ケータイの広告が入ってこなくなったらどうするのか、というのです。

「これからの広告はケータイと国のヒモつきだけになる」

不自然な筋書きです。常識的に考えて、そのケータイ会社が、コマーシャルに起用している女優さんの所属プロの親会社にまで義理立てするものでしょうか。

首をひねる元編集長に、大幹部はこう話したとか。

「いいか、これからの広告は、ケータイと、国のヒモつき広告に頼るしかなくなるんだ。今の段階で万が一にもケータイ業界とトラブると、後々、えらいことになりかねないんだよ」

大幹部のところに、ケータイ会社なり広告代理店が何事かを伝えてきていたのかどうかは不明です。別のルートも考えられましたが、どれもピンと来ない。元編集長は振り返ります。

「最後まではっきりしたことはわからなかったが、俺は、あれは先方の意向とは直接の関係がない、広告局独自の、自主規制すべしとする判断だったのだろうと考えている。

週刊誌でも新聞でも、多くのマスコミ企業は広告収入に売り上げのかなりの部分を依存している。だから広告部門の連中は、編集の動きには常に目を光らせている。とはいえ、もともとジャーナリズムの世界に志《こころざし》を抱いて集まってきた仲間同士だから、スポンサーの批判はまかりならんなんてことは、そうそう言ってこられるものでもない。先様に営業に回れば叱《しか》られたりもするのだろうけど、社に戻ってくれれば苦笑で済ませてくれるものだった。

でも、あの時ばかりは違ったね」

なるほど、こんなふうな形でも守られるタレントや芸能プロダクションはある、ということなのでしょう。似たようなスキャンダルにまみれても、それが致命傷になる場合と、なんとなくウヤムヤになる場合の差というべきでしょうか。

それから十年あまり経って、今振り返ると、ここに登場した広告局の大幹部は実によく将来のマスコミの状況を見通していたのだなあと、私は舌を巻かざるをえません。あくまでも、事の善悪を措《お》く限りにおいて、という条件付きですが。

ネット社会の進展で、既存のマスコミは、もはや風前の灯《ともしび》です。おまけにデフレ・スパイラルの不況続きとあって、広告を出してくれるスポンサー企業は年を追うごとに激減しています。

そんな中で、ケータイと国のヒモツキ広告だけは、なお安泰だと言われています。後者は裁判員制度の宣伝とか原発から出る高レベル放射性廃棄物の地層処分の候補地募集とか、はたまた消費税増税で野田佳彦《のだよしひこ》首相の言い分の垂れ流しとか、いわゆる「国策PR」と呼ばれる政府広報のことです。この点は二〇一一年に出した拙著『民意のつくられかた』（岩波書店）に詳しいので参照してみてください。

ですから昨今のマスコミは、国とケータイの業界にはひたすら従順です。ほとんど下僕、使い走り《パシリ》と言っていい。このような状況が、どれほど世の中を悪くしてきたことでしょうか。たとえ潰されようとも報道すべきことは報道しなければならないのがジャーナリズムの使命であるはずなのに、です。

ああ、わが業界ながら、つくづく堕《お》ちたものです。このこと自体はケータイのせいではありません。組織維持のためならと己の存在意義まで投げ捨ててしまったマスコミの側が一方的に悪い。そうではあるのですが……。

いや、本書はケータイそのものの批判のための本ではないのでした。

第二章　「ケータイと交通事故」から考えるおぞましい現実

悪夢の交通事故は、ケータイが原因だった

私は時々、こんな悪夢にうなされる。
――黄色い帽子をかぶり、ランドセルを背負って、小学校一年生の子供に戻っている。緑のおばさんの導きで、手を挙げて横断歩道を渡りかける。信号はもちろん青だ。

と、カンガルーをも跳ね飛ばす鉄パイプで前面を固めたＲＶ車が、猛烈な勢いで迫ってくる。恐怖に立ちすくむ私。左手に握り締めた携帯電話に向かって何やら話しかけながら、えへらえへらと笑っているドライバーの顔が、視界に飛び込んでくる。正面を向いてはいても、彼は何も見ていない。だからブレーキも踏まない。私は笑われながら跳ね殺されるのだ。

そこで目が覚める。下着もスーツも、脂汗でぐっしょりと濡れている。夢だとわかって一息つくものの、自分を殺したへらへら顔が脳裏《のうり》に焼きついて離れず、その後は眠れなくなる。

今から十四年前の一九九八年夏、岩波書店の月刊誌「世界」に載せた「普及する携帯電話　軽くなる命」の書き出しです。「精神の瓦礫」というタイトルの連作ルポの四回目で、現在は講談社文庫『バブルの復讐～精神の瓦礫』に収められています。

白状します。この書き出しに登場させた悪夢のエピソードのすべてが事実だったわけではありませんでした。

あの頃の私がうなされていた悪夢の主人公は、実は当時まだ小学生だった愛娘なのです。だけど、そんな本当のことを書いたら、悪夢が正夢になってしまいそうな気がして恐ろしく、あの時は私自身に置き換えて書きました。彼女もすでに成人し、とりあえず一安心ですので、ここで打ち明けます。こういうことまで〝ヤラセ〟とは言われないでしょう。

娘を学校に送り出すたび、私はいつも心配で心配でたまりませんでした。ケータイに気を取られたわき見運転による悲惨な事故が全国各地で相次いでいて、マスコミの扱いはとても小さいのですが、それでもまだしも、ないことにはされていなかった時代です。

国立国会図書館で全国の地方紙を読みあさり、アタリをつけては出張取材を試みました。中でも一九九七年十二月に岐阜県で発生した、次のケースを忘れることができません。

その日の午前十一時二十分頃のことです。信号にしたがって国道の交差点を右折しかけた乗用車が、反対車線の赤信号を無視した大型トラックに突っ込まれて大破し、約二〇メートルもの距離を引きずられました。運転席の主婦（当時三十五歳）は重傷を負い、助手席にいた二歳三ヵ月の長女が亡くなりました。

原因はケータイでした。警察の調べによれば、トラック運転手（同二十六歳）はこんな供述をしたそうです。

「交差点に差し掛かった際、ダッシュボードに置いてあった携帯電話が鳴り、出ようとしてわき見をした」「気づいた時には目の前に車があったが、一気に突っ切ってしまおうと思い、クラクションを鳴らし、ブレーキでなくアクセルを踏み込んだ」……。

私がご遺族の家を訪ねたのは、事故から半年ほどが経《た》った頃のことです。ご主人に会ってお話をうかがいました。

「私の勤務先は自宅に近いので、昼食は家でとるようにしていました。あの日、いつものように七時十五分に出社、忘れ物に気づいて九時頃に戻ったら、家内が『今日のお昼は一人で食べて』と言う。クリスマスに備え、長男と次男が小学校と幼稚園に行っている間に、娘を連れてプレゼントを買いに行くから、と。

加害者側の態度もひどいもんです。運送会社の専務と営業部長が娘の葬儀に（ドライバー）本人を連れて来たきりで、後は保険会社任せ。四十九日の前日になって『明日お参りさせてほしい』と言ってきましたが、誰も来やしません。電話やらファックスやらをさんざん送りつけても放っておかれて、専務とやらがやっと挨拶に来たのは、ようやく五月になってのことでした。自分も社長も病気だったとか、責任取って会社を辞めないかんとか、わけのわからんことを言って帰っていきました。

恨むよりも、もう、何もかも阿呆らしゅうなってしまって……。けど、どうして私たちの娘がこんなことで殺されないかんのですか。なんでですか。

念願の女の子で、うんと可愛がっとったんです。元気で。動物が大好きで。あの日、娘は別れ際に『パパ、バイバイ』と手を振っていました。それが最後の言葉でした」

花やお菓子でいっぱいの、お仏壇の前での取材でした。こうして自分で書いた記事の一部を書き写しているだけで、また涙がこぼれてきます。取材当時に感じた怒りも甦《よみがえ》り、手がわなわなと震えてもきます。加害者の運転手や運送会社に対してだけではありません。「普及する携帯電話　軽くなる命」の取材で私は、この国のまさに「精神の瓦礫」ぶりを見せつけられてしまっていたのです。

呆れ果てたNTTドコモ社長のインタビュー

事前の勉強のつもりで読んだ『ポケベル・ケータイ主義！』（富田英典・藤本憲一・岡田朋之・松田美佐・高広伯彦著、ジャストシステム、一九九七年）という本に、とんでもない標語を発見したのが、その皮切りでした。〈ケータイって、「交通事故の元凶」なの？　――さらば！　クルマの未来形に背を向ける「走る凶器論者」よ！〉。

主に関西の大学に籍を置く社会学者らのグループがまとめた本の、冒頭に掲《かか》げられた「ポケベル・ケータイ　10の主張」の七番目の項目にありました。他にも〈「ベル友」「メールフレンド」こそ、親友・恋人なんだ！　――さらば！　お見合い・仲人・結婚情報産業よ！〉〈ケータイの電磁波って、「有害な放射線」なの？　――さらば！　新顔メディアを悪者と決めつける「ラッダイト主義者」よ！〉などといった、ことさらに挑発的なキャッチコピーが並んでいましたから、あまりストレートに受け止めるべきではないのかもしれません。

実際、本文中には「10の主張」とは異《こと》なる著者によるケータイとクルマ社会に関する論考が載っており、やたら抽象的で、まだるっこしい書き方には苛立《いらだ》たされたものの、問題の深刻さをまるで理解していないふうではなかったので、多少は救われましたけれども。

とはいえ平然と、事故死の犠牲ぐらいは目をつぶれ、そんなもんはコストのうちだとでも言いたげな「主張」のできる〝学者グループ〟とは何なんだと思ったことはたしかです。そして予習を進めると、当のケータイ事業者たち自身が、彼らとまるっきり同じ発想をしているらしい実態がわかってきました。

当時のＮＴＴドコモの大星公二《おおぼしこうじ》社長が、新聞のインタビューで、こんな受け答えをしていたのです。


——携帯電話の普及とともに、その副作用というか、問題点もいくつか出てきました。たとえば自動車の運転中に電話を使って、交通事故を起こすなどの例は深刻な社会問題です。

「たしかにおっしゃる通りで、私どもも深刻に受け止め、その対策に頭を痛めています。基本的には使う方のモラルだと思うのですが、この使い方のモラルこそ大事なことです」

——運転中は電話を使用できないような装置をつけるとか、法律で規制するなどの方法は考えられませんか。

「それはどうでしょうか。安易に規制するとか、使えなくするのではなく、やはりこれは使う人のモラルの成熟と自己責任の考え方を持ってくださることを期待したい」

インタビュアーはこの後、電磁波の問題についても触れて、

——このような言わばマイナスの問題点というのは、前もっては分からなかったのでしょうか。

「正直に言って、このような問題点が出てくるとは予測できませんでした。技術革新というのは、常に『光と影』があって、携帯電話のように急速に普及したものには、どうしても影の部分が出てきてしまうもののようです。責任を逃れる気持ちは毛頭ありませんので、研究を急いだり、キャンペーンを強化したりします」（『毎日新聞』一九九八年一月二十八日付夕刊）

呆れ果てました。なぜなら、交通事故はモラルだのマナーだのだけで片付けられる問題では絶対にないからです。電車内での通話を周囲の乗客にとがめられたり、殴られたりする程度の話とは訳が違うのです。ケータイに夢中になったドライバーが山道から転げ落ちて死にましたという事故ならば、まさしく安易な自己責任論もけっこう

でしょう。周りの誰一人として巻き込まなかったのであるのならば、本人だけの問題ですむことです。

なぜクルマとケータイが結びつくのか

でも、このインタビューで問われていたのが、そんな間抜けな事故ばかりでないことは明々白々でした。とすれば、むしろ積極的に規制を求めるのが、影響力の大きな巨大企業のあるべき姿勢、果たすべき最低限の社会的責任というものです。

運転免許証の保有者はこの当時、全国に七千百万人ほどもいたのです（現在は約七千八百万人）。彼ら全員のモラルが〝成熟〟する時代なんて、永久にやってくるわけがありません。

わかりきっていて、にもかかわらずNTTドコモをはじめとするケータイ業界は、それ以前から、全国の高速道路や幹線道路で、トンネル内でもケータイの通話を可能にする光ケーブルや送受信アンテナの拡充を重ねていました。クルマを〝走るオフィスに〟と謳《うた》って、運送会社などに営業攻勢をかけるケータイ販売会社もありました。

そうした動きは産業界全体の利益とも合致して、だから政府は一九九五年以降、ＩＴＳ（高度道路交通システム）という国策プロジェクトを進めていたし、他ならぬ自動車業界も、クルマを移動の手段から、情報通信機能を備えたマシンに〝進化〟させる技術開発に躍起になっていたのです。

「ええ、だから情報産業に投資してるのは、やっぱりそこを狙《ねら》ってるんでね。クルマは単独で動くんじゃなくて、よく言われるように、これからますます電子の車載器をたくさん載せて、情報がどんどん入ってくるし発信もできるという、そういう形にクルマがたぶんなっていくだろうと思うんですね。だから、そういうところへトヨタは行きたいなと」

奥田《おくだ》碩《ひろし》・トヨタ自動車社長（当時）の発言です。クルマ雑誌「ＮＡＶＩ」の一九九八年七月号に載っていました。法規制もないままクルマを情報発信基地などにしたら、危なくて仕方がないに決まっているのに。ビッグ・ビジネスの前には他人の命などとるに足らぬものだとする発想が透《す》けて見えてしまって……。いや、あからさまに見えてくる、などというつまらない単純な見方は、できればしたくはなかったのですけれど。

ケータイの業界団体は、シラを切り通した

さて、そろそろ生身の人間に片っ端から体当たりしていく取材の始まりとなりました。本や新聞による勉強はあくまで予習。当事者たちへの直当《じか》たりができないうちは、ジャーナリストを自称する人間は原稿が書けません。

幾人もの犠牲者遺族や弁護士、運転中のケータイの危険を訴える専門家、政府の審議会メンバーといった人々に会っては話を聞き、公表されていない内部資料の類《たぐい》をたくさん集めました。一段落した頃、私はケータイの業界団体である「電気通信事業者協会」に出向きます。ここまで述べてきたような諸々《もろもろ》についての公式見解を求めたかったのですが、応対に出てきた「業務部長」を名乗る男性は、私が地方紙のコピーなどを示しつつ、「全国的には報じられない個々の事例をどこまで把握しているのか。もはやモラルやマナーの問題ではないのでは」と尋《たず》ねたとたん、何やら大声で叫び出しました。

「警察のデータがあるのだから、細かいことなど知る必要はない。事故は減っているし、警察のほうは『法規制する気はない』と言っている。それ以上のことを、業界のほうからやる必要がどこにある。あんたらみたいに、口先だけで何か書いたら本が売れるような簡単な商売とは違うんだよ」

――カナダ・トロント大学の学者が、運転中の携帯電話の使用は飲酒運転と同じだ、という論文をまとめていますが。

「知りませんよ、そんなもの。なんであんたなんかに、そんなこと言われなきゃいけないの。さっきから新聞記事なんか自慢げに見せてくるけど、頭に来るんだよ、そういうの。こっちは高いカネを出して新聞に広告を出して、キャンペーンだってやってるんだ」

応接室での怒号にただならぬ気配を察《さっ》したらしい上役が駆けつけてきてくれて、本当によかったと思います。でなければ私は、なにしろ先の岐阜県での取材から戻ったばかりで、そうとうに殺伐《さつばつ》とした気分にもなっていましたから。

それに、私の仕事は、別に〝口先だけの簡単な商売〟ではありません。威張《いば》れたものでもないのはたしかですが、この点はハッキリさせておきたいと思います。少なくとも私は、ケータイならケータイを批判はしても、その業界で働く人間の全員を十把《じっぱ》ひとからげにして侮辱したことだけはない自負があります。地上げ屋やマルチ商法ならいざ知らず、NTTをはじめ天上天下に名の知れた巨大企業が集《つど》う業界で、チンピラ丸出しの広報マンというのは初めて見ました。

思えばこの人は、巨額の広告費でマスコミを飼い馴《な》らしたつもりでいたのでしょう。私みたいなのを封じ込めるためにも〝キャンペーン〟を重ねたのに、なんだコノヤロー、バカヤローという感じだったのではないでしょうか。それとも新手《あらて》のゆすり、たかりと間違えられたか。

天下り先には文句が言えない日本の警察

ところで肝心の警察ですが、業務部長氏はこの点では真実を語ってくれていました。警察はケータイ業界の意向をしっかり汲《く》んで、それから六年後の二〇〇四年度まで、まともな法規制を怠り続けることになります。

そのあたりの経緯が奇妙でした。というのも警察は、私が取材を開始する少し前まで、運転中のケータイの使用がいかに危険であるのかを積極的に訴え、さまざまな調査や研究も進めていたのです。一九九五〜九六年頃には、真剣に法規制を検討している、とする報道もありました。

ところが彼らは、この件に関する取材をとても嫌がったのです。埼玉県警では、「ゲラ刷りの段階で原稿の全文をチェックさせてもらう。警察の広報と合致しない内容であれば、記事を差し替えていただく。その条件でなければ取材には応じられない」と言われて、当然、こちらから断わりました。交通安全を願う気持ちは同じなはず、合致しないなんてことがあるのだろうかと不思議でしたが、私は警察に養ってもらっている下請けライターではないのだし、まるで戦時中みたいな、事前の検閲を受け入れるわけにはいきませんからね。

全国の警察の元締めである警察庁の広報室にも交通局の幹部へのインタビューを申し入れました。でも、取材の意図や質問項目の文書による提出を求められ、これじゃわからないとかもっと詳しくとか、何度も何度も書き直させられた挙げ句、三週間も経《た》ってから、多忙を理由に断わられました。

結論から述べますと、この間に警察は考え方を一八〇度、変えていたのです。警察の変心の見返りはケータイや自動車、および関連業界への大量の天下りだったと見て間違いないでしょう。

私はさる筋から警視庁警察官のOB名簿（一九九五年度版）を入手しました。元通信指令本部長がNTT東京支社に、元東村山署長がツーカーセルラー東京（現・KDDI）に、元交通部参事官が東京デジタルホン（現・ソフトバンクモバイル）、元第七方面本部長が日本移動通信（現・KDDI）に、元交通総務課長が住友電気工業に、元捜査一課長がトヨタ自動車に、などといったデータが満載されていました。初めからそれを狙った事件屋の発想でケータイの危険を叫んでいた、とはいくら何でも考えたくないのですが。

なお、郵政省（現・総務省）の電気通信局が一九九七年に公表した資料によると、あの当時、すでに諸外国では厳しい法規制が徹底されていました。オーストラリア、マレーシア、ブラジル、イタリア、ポルトガル、スイス、アメリカ・ワシントン州などでは運転中のケータイそのものが全面的に禁じられ、違反すれば当然、罰金刑です。

彼ら先進各国にわが国が倣《なら》い、ようやく道路交通法が改正されたのは、国民のほぼ全員にケータイが行き渡り、天下りも一巡した二〇〇四年度に入ってからのことでした。ただしハンズフリー（手で持たなくてもよい）のタイプは規制の対象外のままです。それでも運転中にケータイを使いたいドライバーたちを、今度はハンズフリーの購入に誘導して業界を潤わせ、さらなる天下りの拡大を狙っているのでしょうか。

それにしても二〇〇四年度の法改正の直後には、かねてケータイと交通事故の関係ほど目をくれようともしなかったテレビのワイドショーが『水戸黄門』の助《すけ》さん・角《かく》さんよろしく「この紋所《もんどころ》が目に入らぬか」とばかりに違反者たちを問い詰めては正義の味方ヅラをしている番組をたまたま見てしまい、私はプッと吹き出しました。〝岡っ引きジャーナリズム〟っていうのは、お前らみたいなのを言うんだよ、と。

例の業界団体の部長さんが「知りませんよ、そんなもの」と嘲笑していた論文というのは、一九九七年二月にトロント大学の研究グループによって発表されたものです。過去十三ヵ月間に事故を起こしたドライバー六九九人を分析して、運転中のケータイの使用は事故の危険を通常の四倍にも高め、カナダの法律の許容限界ギリギリの血中アルコール濃度で運転するのと同じぐらい危険だとする結論を導いていました。

この種の研究は、その後も国内外でたびたび行なわれています。アメリカ・ユタ大学の心理学グループが二〇〇六年に公表した実験結果では、運転中のケータイの使用は、正常な運転に比べて事故を起こす可能性が五・三六倍にも高まり、飲酒運転（と見なされる〇・〇八％の血中アルコール濃度）よりも危険だとされました。

ハンズフリーでもリスクはさほど軽減されないといいます。走行中の状況とは関係のない相手と通話する以上、同乗者とのおしゃべりとは話のテンポも、脳ミソの使い方もまるで異なります。片手がふさがってるかどうか、など問題ではないのです。

当たり前ではないですか。聖徳太子でもあるまいし、並の人間はいちどきに二つの情報を処理する能力を持ち合わせてなどいません。

私はプロ野球が大好きで、シーズン中は毎日のようにテレビ観戦しているのですが、途中で電話がかかってきてその応対を始めると、目では画面の選手たちの動きを追っているつもりでも、グラウンドで何が起こっているのか、まるで理解できなくなって困ります。受話器を置いた後で、「あれ？　いつの間《ま》に四点も入ったの？」などという感じです。目の覚《さ》めるような満塁ホームランの瞬間も、それを再現したスロービデオだって、この目でしっかり確かめていたはずなのに。

追いつめられていくテレホンカード

電気通信の世界に私が関心を抱くようになった最初のきっかけは、一九九〇年に104番号案内が有料化されたことでした。それまでは無料だったのですが、民営化されたNTTは、〝受益者負担の原則〟を強く打ち出したのです。

私は激しい違和感を覚えました。というのも、この数年前に読んだ評論家・草柳《くさやなぎ》大蔵《だいぞう》さんの『企業王国論』（角川文庫、一九八三年）という本の、まだ民営化される前の電電公社を扱った章で、運用局長という肩書きの人が、104番号案内を有料にしない理由を、こんなふうに説明していたのを記憶していたからです。

「番号を聞いてきたお客はそれによって電話をかけるのだから、番号案内は水揚げを誘導したことになるわけで、デパートのエスカレーターのそばにいる女の子と同じように、(実質的には＝引用者注)かならずしも無料というわけではない」

うまいことを言うなぁ、と思いました。考えてみればNTTすなわち旧電電公社は、いわば〝お上〟の絶対権力として電話網を敷設したのです。そうやって得た、と言うか、高い電話加入権料と引き換えに利用者に与えてきた電話番号の情報を、これからそこに電話をかけようとしている相手からもカネを取って売り渡すという商法は、さすがに恥ずかしいというたしなみでもあったのではないでしょうか。

はたして有料化に反対する視覚障害者の団体などは、しばしば104＝レストランのメニュー論を強調していました。メニューを見せるのに金を取るレストランなんてありえないでしょというわけで、近年のJRが大々的に展開している〝駅ナカビジネス〟とも共通する問題です。国家権力でもって蓄積した資本や資産を、ハイ、民営化しましたのでと言って、身勝手な金儲けに使われてしまうのはおかしくないかという議論が、マスコミではなぜか、まるで交《か》わされることがありません。

おかしな話ですよね。その頃の私は、ある週刊誌の記者をしていましたので、何度もプラン会議で提案しましたが、案《あん》の定《じょう》と言うべきか、まったく採用してもらえませんでした。

深くて面白いテーマであるはずなんだがなと首を傾《かし》げながら、私はまたしても、記憶の糸をたぐり寄せることになります。ビジネス誌「プレジデント」一九八六年三月号の特集「『売れる商品』のつくり方」の一本で、今岡和彦《いまおかかずひこ》さんという同業の大先輩が書かれた「NTTテレホンカードの『買ってもらって使わせない』作戦――『記念切手商法』で売った五千万枚」と題された記事です。

それによれば、テレホンカードは電電公社時代の一九八二年十二月に売り出されたのですが、以来、爆発的に売れ続けている、プリペイド方式の特性をフルに利用し、デザインに趣向を凝《こ》らしてコレクターの人気を煽《あお》った販売戦略が大成功したのだ、というのです。

テレホンカードはそれで電話をかけられる料金分を上回る値段では売りにくい。では製造や印刷、流通にかかるコストをどうするか。電電公社が負担したのでは、売れば売るほど赤字になってしまうということで、社内の仕掛け人が考え出したのが、記念切手を真似《まね》た商法でした。その人物のこんなコメントも、記事には書かれていました。

「先に電話料金をいただいているということは、ユーザーがカードを使わなかったら、その分だけ公社が得をするということだ。ならば、カードを使わせなければいい」

電電公社は大手広告代理店を起用して、記念切手商法の大々的な展開を図りました。大阪万博の〝太陽の塔〟で知られる岡本太郎《おかもとたろう》画伯に一枚百万円でデザインを依頼し、コレクターの「友の会」を組織して、はたまた各地の通信局に希少価値を生みやすい地域限定カードの発行を促《うなが》したりといった具合です。

なにしろビジネス誌の特集ですから、そんな電電公社~NTTのビジネス・マインドを、記事は大いに讃《たた》えていました。とはいえ、行間からは業者の皮肉っぽい見方が伝わってくるようでもあって、私などは「えげつない会社だなあ」という感想ばかりを募らせてしまいます。やがて104有料化で受けることになる印象の原型がこれだった、とでも言うべきでしょうか。そもそも記念切手という存在自体がいかがわしいわけですが、それにしても民営化された旧公社が、国の郵便事業と同じ特権的な商売で大儲けだなんて、いったい……と思ったのでした（これでも昔はいっぱしの切手コレクターだったんですよ。わかっていてマニアが買ってる分にはそれでいいと考える私ではあるのですが）。

そうそう、当時の私は前出の週刊誌に移ってくる前で、まさにこの「プレジデント」誌の編集部に在籍していたのです。今岡さんの記事とは直接の関係がなかったので、詳しい経緯は知りませんが、内容もタイトルもテレホンカード・ビジネスの本質を見事に抉《えぐ》り取っていたためか、ＮＴＴの広報には実に嫌な顔をされたというエピソードを、同僚に聞かされたことがあります。

テレホンカードはその後もしばらくの間、まさしく記念切手さながらの黄金時代を謳歌しました。取引市場まで形成されて、男性誌や少年誌の懸賞や、企業のノベルティ（宣伝を目的として無料で配布する記念品）で撒《ま》かれたグラビア・アイドルのテレホンカードなどが、それはもうどえらい価格をつけられたりしたものです。金券をノベルティにするなんて、賄賂《わいろ》とどこがどう違うんだろうと考えたこともありますが、

手抜きのデザインとしかいいようのない、現在のテレカ

その実態を暴くための取材を試《こころ》みる機会がなかったことが残念です。

ケータイが普及し切った最近では、テレホンカードなど見向きもされません。公衆電話をめぐる顚末《てんまつ》は第一章でも述べましたが、ノベルティも雑誌の景品も消え失せ、NTTによるデザインもどんどん簡単になっていきました。二〇〇〇年代の後半には富士山の絵柄と、空港から飛行機が離陸している絵柄ぐらいに激減してしまいます。本書を書いている二〇一二年現在では、上図の写真のような、なさけないものだけしか売られていません。

もともとどうでもよいものではありますが、ここまで簡単にされると、なんだかバカにされているような気がして、腹が立ちます。最近はテレホンカードを扱っていないコンビニや駅の売店にも幾度か出くわしました。そのうちテレホンカードを買えないのが、当たり前になってしまうのでしょう。

テレホンカードをめぐるＮＴＴの姿勢には、きわめて興味深いものがあると思います。どなたか好事家の方が、「テレホンカードの社会史」を書いてくれたら、きっと面白い本になると思うのですが。

不自然な商法の源《みなもと》だったダイヤルQ²

いろいろなことがあって、私は一九九〇年いっぱいで週刊誌の記者を辞め、フリーのジャーナリストとして独立しました。１０４の一件についての不満は、辞めた理由のごく一部です。でも、その後も何かと気になって取材を重ね、発展させて、九三年には『国が騙した――ＮＴＴ株の犯罪』（文藝春秋）というタイトルで本にもしました。念願の単行本デビューでした。

本の中身はタイトル通りで、ＮＴＴそのものというよりは政府によるＮＴＴ株の価格操作やその不透明な使途の問題が中心です。ですが、当然、NTTの商法にも言及しました。

テレホンカードや104有料化以外の商法としては、「ダイヤルQ^2」というのが印象的でした。電話網を通じてIP（情報サービス業者）が提供する番組の料金をNTTが代行して徴収するビジネスのことですが、提供される〝情報〟とやらの実態は、ほとんどアダルト向けのテープかテレホンセックスの類《たぐい》ばかりになってしまった、アレです。

一九九一年の春、奈良県桜井市にあるNTTの営業所が、約四十五万円の支払い（大半がダイヤルQ^2の情報料）を滞納した男性（当時五十七歳）の母親（同七十九歳）と妹（同四十四歳）に立て替え払いを求める請求書と、暴力団の取り立てをちらつかせた手紙を送りつけました。「0990（ダイヤルQ^2サービスの番号）を提供している業者（暴力団が多いので困っています）が回収に向かうこともあります」という文面です。

不安になった母親らは、貯金を引き出して全額を支払ったそうです。ダイヤルQ^2を実際に利用したのは男性の家族でしたが、その男性は耐えられなかったのでしょう、「迷惑をかけた。金もないことだし、告別式などはしないように」とする遺書を残し、農薬を飲んで自殺しました。NTTの脅迫が、人一人を死に追いやったのです。

消費者問題を専門にしている弁護士が、私の取材にこう答えてくれました。

「ダイヤルQ^2の問題は、大きく三つに分けられます。まず入口の問題としてあるのが、誰がどこの電話機を使ってもかけられるという点です。子どもでも、不当に忍び込んできた他人でもかけられる。普通の通話だけならさほどでもないことが、高額なダイヤルQ^2では大問題になるんですね。

真ん中の問題としてあるのが、いわゆるワイセツ問題。ただ（規制するのは）表現の自由の侵害につながりかねないし、アダルトものとそうでないもののアクセス番号を区別するなどの手続きでクリアできることなので、個人的にはあまり深入りしたくない。高額であることも、それ自体では問題と言えないでしょう。

そして出口の問題が、ダイヤルQ^2とは単なる情報の有料サービスではなく、一般に〝お上〟だと思われているNTTによる回収代行に他ならないことです。カネの回収は商売の流れの中で最も汚い部分ですから、どの会社でも普通はクレジットに任せるわけですよ。それをＮＴＴは、自分たちなら簡単にできると考えたのでしょうが、今ではかつてのサラ金まがいのやり方をし、公正証書まで作っている。

似たようなサービスは世界のかなりの国で行なわれていますが、こんなのは例がないはずです。日本は後発だったのに、他のよい点をまるで取り入れていないんですね」

ほんとに何でもやる会社なんだなあと、ため息をついたものです。これ以上くどくは書きません。私がケータイを嫌うのは、必ずしもケータイそのものの弊害ばかりが理由というわけではないのです。

第三章　「いじめ」と「マーケティング」について

いじめが起こるたびに思う。「ケータイさえなかったら」

「もう俺、死ぬわ」

「死ねばいいやん」

滋賀県大津市の市立中学校で二〇一一年十月、二年生だった男子生徒が自宅マンションの十四階から飛び降りて亡くなりました。男子生徒はその前日に、同級生との間でこんなメールのやり取りをしていたといいます。

罪もない子どもがまたしても、〝いじめ〟の毒牙《どくが》にかけられたのです。〝いじめ〟とカッコでくくるのは、男子生徒が受けていたのであろう暴力や屈辱が、こんな言葉で表現できるような生やさしいものであるはずがなかったと考えるからです。なにしろ、飛び降り自殺の練習までやらされていたというのです。

この事件、私自身は直接の取材をしていません。書いてくれという依頼がなかったのと、自分で何かをやろうにも想像するだけで辛くなってくるというのが、その理由です。ですから、あくまでも報道などで知る限り、という条件付きではありますが、加害少年らが重ねていた行為は、まぎれもない犯罪だとしか考えられないのです。

二〇一二年の夏、日本中を震撼《しんかん》させた大事件です。前後して、愛知県蒲郡《がまごおり》市の中学校で男女九人の生徒が、一人の男子生徒を対象に「自殺に追い込む会」を組織して〝いじめ〟ていた実態や、兵庫県赤穂《あこう》市の中学生五人が一人の小学生男児を殴ったり蹴ったりし、その様子を撮影した動画がネットサイトに投稿されていた事実などが報じられました。例によってこの国の社会では、何か大きな事件が表沙汰になってテレビのワイドショーが騒ぐと全体が同じ方向を向く一方で、日頃はいかな重大な問題でも無視か黙殺というのが通り相場ですから、直接の関係がある人以外には知られずじまいになった不幸が日本中にどれほどあるものか、見当もつきません。

大津の事件は、やがてすさまじい展開を遂《と》げていきます。加害少年やその親たちの実名や顔写真、自宅の住所などの個人情報がネット上にさらされ、匿名の人々による罵詈讒謗《ばりざんぼう》が浴びせられたのです。個人情報には間違いも多く、姓が同じだというだけで、事件とは何の関係もないのに中傷されたり、大量の脅迫状や脅迫電話を受けた高齢の女性もおられました。

匿名の主たちは、〝正義の憤《いきどお》り〟のつもりなのかもしれません。でも、これでは加害少年らの〝いじめ〟と本質的には何も変わりません。関係のない人までをも日頃のうっぷんのはけ口にして、リンチにかけただけではないですか。

——ケータイさえなかったら。

そう私は思います。一連の犯罪は、ここまでエスカレートしなかったに違いない。もっと言えば、世の中がこうまで荒《すさ》むこともなかったのでは、と。

もちろん、〝いじめ〟は昔からありました。深刻な社会問題になり始めたのも、ケータイが普及するよりもずっと前です。たとえば東京・中野の男子中学生が、「このままじゃ『生きジゴク』になっちゃうよ」と書き残して自殺したのは、一九八六年二月のことでした。

ですから、ケータイのせいで〝いじめ〟が起こるという理屈は成り立たない。ただ近年、小学生でもケータイの携帯が珍しくなくなった状況下では、ケータイ、またはケータイで手軽にアクセスできるネット社会が〝いじめ〟の温床や凶器になりやすいことは、もはや常識の範疇《はんちゅう》だと思われます。特定の人間を集団で排除するのに、これほど適《てき》した道具はないとさえ言えるでしょう。

陰湿な手口の数々を、いちいちは紹介しませんよ。紹介して真似られる危険を恐れるからです。財界の利益につながらないことにはまるで関心がない、あの日本政府までもが知らんぷりを決め込んだままではいられなくなって、小学生向けの小冊子を作ったり、ネット上のいじめを防ぐ「4つの呼びかけ」を提案したり、といった取り組みを重ねている事実を重視してもらいたいと思います。

どれも「しょーもない」としか言いようのない中身ではありますが、政府のお説教の中にも、ひとつだけ、「なるほど、その通りだ」と頷《うなず》かされたところがありました。二〇一〇年三月に「ネット安全安心全国推進会議」が全国の小学六年生に配布した小冊子『ちょっと待って、ケータイ』にあった、

「きみたちは、まだまだ『人生の初心者』」

という言葉です。その通りです。その通りではあるのですが、だけど今さら何を言ってるんだろう、というふうにしか、私には感じられませんでした。

この手のお説教は必ず、だからマナーやモラルを大切に、という話になっていくわけで、「4つの呼びかけ」なんていうのもまさにその類《たぐい》でした。でも、そもそも「人

生の初心者」に、そんな危ないものを持たせてしまった時点で、結果は目に見えていたのではないのでしょうか。

第一章（23ページから）で列挙した、私がケータイを使わない理由の①に関わる部分です。もはや言わずもがなだとも思うのですが、あえて補足しますと、その後の、②から⑧までの〝理由〟の数々は、あくまでも私が理解しているところの、私たちの社会のレベルを基準にした考えです。ケータイそのものはとてつもなく便利で、無限の可能性を秘めた道具であることはたしかなのですから、これを利用したり運用したりする人々の多数派が人物も識見もすばらしい人ぞろいであれば、何ということもない事柄ばかりなのかもしれません。

いや、何も〝すばらしい〟などというほどである必要もない。他人の迷惑になるところでは使わないとか、世紀の大発明であるからにはそれだけ反作用も大きいはずだと自覚して、慎重に使おうと心がけるとか、その程度の話です。

残念の極《きわ》みではあるのですが、けれども現実は、その程度のこともできない人があまりに多かった。だから私たちの社会はケータイを得て、電車内をはじめとする公共空間のあり方を狂わせたのだし、未必《みひつ》の故意《こい》の交通事故がいつまでたってもなくならない。モバゲー（ケータイのゲーム）にハマッて多額の借金を負い、あるいは社会性を失って〝ゲーム廃人〟になってしまう悲劇が何度でも繰《く》り返されるのです。

何を偉そうに、と思われたら、重ね重ね申し訳ないことです。でも私は絶対に、自らを高みに置いてケータイ社会を論評しているのではありません。

逆に自分が人物、識見ともに人並み以下の、大したことのない人間であることを熟知しているからこそ、少なくとも自分にはとうてい使いこなせっこない代物だということがわかるのです。ということは、私とさして変わらない平均的な大人たちだって似たようなものではないでしょうか。いわんや「人生の初心者たち」においておや、当然です。

もしかしたら私は、ケータイを云々《うんぬん》しながら、実はケータイを嫌っているのではないのかもしれません。憎んでいるのはむしろ、たかがケータイごときのためにあっけなくさらけ出されてしまった、人間の側の本性であるような気もします。

匿名性が独り歩きして、変わってしまった社会

ケータイを使って他人をいじめるのって、どういう感覚なんだろう。もしかして楽しいのかしら。私は聖人君子の境地とはかけ離れたところにいる凡人ですが、そもそもケータイを持っていないので、まったくわかりません。

デスクトップのパソコンは持っています。世間相場に比べたら最低のレベルでしょうが、ネットにも日常的にアクセスしています。

仕事上の必要に応じてうろ覚えの単語を検索画面に打ち込み、いつ、どこで誰が何をしたのか、どんな発言をしたのか、といった情報を絞り込むのが主な用途です。ウィキペディアやいろんな人のブログで当たりをつけたら、新聞記事のデータベースで確認したり、当事者に会って話を聞きます。他人様《ひとさま》について何か書くのはそこから先の作業です。タダで得られる情報を鵜呑《うの》みにするほど愚かしいことはありません。

ですからネット掲示板に何か書き込んだことも一度もないかわり、根も葉もない非難や悪口雑言《あっこうぞうごん》を書き込まれて閉口した経験はいくらでもあります。今どきジャーナリストを名乗って社会や政治に関する発言をしている以上は避けようがないのだと、頭

ではわかっていても、あれはとても嫌《いや》なものです。

だったら見なければよいということになるのでしょうが、「はじめに」でも書きましたように、全体的には私の仕事を褒《ほ》めてくださるブログとかツイートのほうがずっと多く、大いに励まされて嬉《うれ》しいものだから、少し時間に余裕がある時など、ついつい自分の名前で検索したりしてしまうのです。あまりのひどさに、吐き気が止まらなくなったことも一度や二度ではありません。子どもたちがネットいじめで受けるショックに比べたら屁《へ》みたいなものでしかないに違いないとはいえ、この程度の苦しみからでも、それなりに見えたことは記録しておくのも仕事のうちだと自分に言い聞かせ、あえて書くことにします。

ネットの匿名性に隠れて他人に悪罵《あくば》の限りを尽くす行為が卑劣であることは論を俟《ま》ちません。自分自身は安全圏にいて、相手だけを傷つけようとする性根《しょうね》はそれだけでも腐っていると断じざるをえませんが、厄介なのは、責任を負わなければならなくなる覚悟を初めから持ち合わせていない人々の発言というのは、ものすごく安易だということです。

思いつきだけで物を言う。人が人を批判するのに必要な、最低限度の礼儀どころか根拠さえも示さない。

ネット社会の到来で、誰もが満天下に向かって発言できるようになったのは本来、すばらしいことであるはずです。従来はメディアにアクセスできる立場や能力を備えた人だけの特権だったものが、みんなに開かれたのですから。

誰もが、ケータイを使うに値《あたい》する人格を持っているのか

なのに、この惨状は何なのでしょう。ネットいじめや掲示板での誹謗中傷だけでなく、たとえば二〇〇八年六月の、東京・秋葉原の通り魔事件を思い出してみてください。当時二十五歳だった犯人のトラックに撥《は》ねられ、あるいはナイフで切りつけられた死者や負傷者たちが倒れている路上は、ケータイカメラのシャッター音であふれました。被害者の連れや警察官に叱りつけられても、どこ吹く風。動画の実況サイトを使って実況中継を始めた者さえ現われたのです。

被害者たちへの冒瀆《ぼうとく》。他者という存在に対する想像力の決定的な欠落。彼らは人間

を舐《な》めきっていました。

プロの報道カメラマンたち自身は言いにくいでしょうから、これまた私が火中の栗を拾います。素人《しろうと》はこういうことをしてはいかんのです。殺人現場の写真などというものは、慟哭《どうこく》し、悩みながら、それでも撮りたい業《ごう》に身を焼き、撮らねばならない使命を帯びたプロフェッショナルだけに許された領域だというのが、人間社会のお約束です。カメラ機能付きのケータイを持っているというだけの人間が、面白半分に手を出してよい世界であるはずがないのは、わかりきっているでしょう。誰もが発信できる道具なり環境なりが得られたからといって、イコール誰が何をやってもよいということにはならないと、私は考えます。プロなのにプロとしての自覚に欠けている者が少なくない現実を否定もしませんが、それはまた別の問題です。

報道写真の分野に限らず、このことはあらゆる分野で言えることだと思います。人間それぞれ、互いの職業なり専門性に対するリスペクトのない世の中に、人間同士の共感はありえません。

人間の行動を司《つかさど》る心の問題は、私ごときの手に負える代物ではないと承知しています。ただ、こうしてケータイが普及して以降の社会の動きを眺めなおしてみると、単に時代の移り変わりというだけではなく、人間一人ひとりの人格そのものが変質してきているように思えてならないのです。

単なる印象論ではないかと言われてしまえばそれまでです。心の専門家でも何でもない私がどう論じてみたところで、結局は「今の若い者は……」みたいな話にしかなりそうもないですし、だから正直、あまり深追いもしたくないです。

識者が唱える、ＩＴに侵される脳の危険性

さまざまな分野の知識人たちが、この問題に言及しています。最近はあまり流行《はや》りませんが、ケータイの普及率が例の「クリティカル・マス」を超え、これを厭《いと》う人々の苛立ちが頂点に達した頃には、強烈な言説がずいぶんとあふれました。少し紹介しておきましょう。

サル学者の正高信男《まさたかのぶお》・京都大学霊長類研究所教授（比較行動学）は、「人間のコミュニケーションは近年著しく退化しており、もはやサル化しつつある」といいます。

それは人間が人間らしくなっていくよう仕向ける要因が社会の中から消滅しようとしているからで、具体的にはケータイに象徴される高度情報化社会のせいだというのです。

正高教授の『ケータイを持ったサル』（中公新書、二〇〇三年）によれば、現代の日本人は若者を中心として、他人と信頼関係を結ぶことが難しくなっているということです。常に私的にしか言語を使わない傾向が強まってきたためだ、として、彼はこう述べています。

〈事態を決定づけたのが、一九九〇年代後半からの「ＩＴ革命」なるメディア変化である。ＩＴは、コミュニケーションに加わる者の要件である空間的近接性と時間的永続性を決定的につきくずしてしまった。人々は「どこからでも」「いつでも」という利便性に魅惑される。

魅惑されるあまり、ＩＴメディアの魔法の支配から自由になった状況でのつき合いを忘れてしまった。メル友と交信する若者は、対面場面では伝えにくいことでも、メールなら可能と言い、顔を合わせて会話する方がかえって疲れてつらいとこぼす。しかし、人間ひとりひとりの存在は、いつまでたっても時間と空間の拘束をまぬかれることはない。

しかもすでにふれたように、個々人は公的世界へ出て他者との交渉のなかではじめて自己実現を遂げるものである以上、空間上の近接性と時間上の持続性を欠いたコミュニケーションというものには、おのずと限界が生じてくるのである。その問題がもっとも先鋭的な形で浮上してくるのが、「相手とどのようにして信頼関係を結んだらいいのか」という「疑念」なのだと言えよう〉

ケータイメールの送受信を繰り返す作業は人間の脳に深刻な悪影響を及ぼすと指摘しているのは、医学博士の森昭雄《もりあきお》・日本大学教授（脳神経科学）です。彼は独自に開発した簡易脳波計を用い、テレビゲームに熱中する子どもたちは前頭前野（脳の前のほうにあり、記憶や感情の制御、行動の抑制といった高度な精神活動を司っている部位。〝脳の中の脳〟とも呼ばれる）の働きが落ちるとした「ゲーム脳」という仮説を提示したことで知られる人物ですが、さらには「メール脳」の造語も生み出しました。

森教授の『ＩＴに殺される子どもたち』（講談社、二〇〇四年）によると――、

〈脳波計では、リラックスしているときに出るα波と、もうひとつβ波を計測しました。β波は、精神活動をしたり、計算をしたり、考えたりといった脳の働きで、局所的に出現します。β波の数値が高ければ、そこの脳の部位がひじょうに活動していて、逆に低ければ、その部位の働きが機能的に落ちているわけです。（中略）

私は、子どもたちが夢中になっているＩＴ、つまりテレビゲームを使用しているときの脳波が気になり、計測実験を重ねてみたところ、テレビゲームをしているときにも痴呆の方と同じようにβ波が低下していることがわかりました。さらに、ゲームをしていないときでも、β波が元にもどらない子どももいたのです。たいへんショックでした〉

「メール脳」については、高校生を対象に調査をしていると言い、

〈今のところ調査した約六〇パーセントにβ波の低下がみられました。その程度はゲーム脳の脳波と同じか、それよりひどい状態でした。そしてβ波の低下した高校生は、みな勉強に集中できるのが一〇分前後だと言っています。(中略)

前頭前野の働きは、メールで文章を作成して送るほうが、読むよりも悪い状態になります。なぜメールを送るのがテレビゲームよりもβ波の状態を低下させるのか不思議でした。文章を打っているのだし、考えているのではないかと思いました。

ところが、送っているものをよく見せてもらうと、一文字入力すると、パパッと関連する語が一覧表になってあらわれ、そこから一つ選ぶようになっているうえ、文字ではない記号のようなものや、絵を送っています。

画面を見て選ぶだけのことですし、記憶にある文字を追っていくだけのことですから、考えているようで、じつはほとんど考えていないのです〉

小此木啓吾《おこのぎけいご》が分析した「全知全能な自分」

いずれの説も一部で圧倒的な人気を博したものの、総じてキワモノ扱いされて、特にケータイのユーザーには評判がよくないようです。実際、十分な実験を繰り返した末に導かれた結論ではないのもたしかで、霊長類や脳神経科学の専門家の手になる書物といっても、どこまでも時評エッセイの域を出ていないようではありますから、私も軽々に同調したいとは思いません。

ただ、ではこうした仮説のどれもこれもが、〝ケータイ嫌いのオヤジによるトンデモ科学〟などとして排除されてしかるべきかと言うと、そうではないと思います。彼らの仮説がきちんとした研究で裏付けられるのであれば、それは人類を破滅から救い出す、後世にわたって讃えられる業績になるはずです。

ノーベル賞だって夢ではないでしょう。正高さん、森さんのお二人だけでなく、世界中の研究者が本格的に取り組むべきテーマだと信じているのは、ひとり私だけでしょうか。

諸説あるうち、私が最もしっくり来るというか、自分の考えに近いと思ったのは、精神分析学の第一人者だった小此木啓吾・元慶應義塾大学教授（故人）の『「ケータイ・ネット人間」の精神分析――少年も大人も引きこもりの時代』（飛鳥新社、二〇〇〇年）の一節でした。インターネットがどうしてこんなにも人々を魅了するのかについて、小此木元教授は大きく五つの要素を挙げています。

①匿名で別人格になれる
②「全知全能な自分」を感じられる
③自分の気持ちを純粋に相手に伝えられる
④特定の人と、親密な一体感が持てる
⑤イヤになったら、いつでもやめられる

中でも②の指摘が重要だと思います。私がネット掲示板で攻撃される場合でも、見当はずれの中身などはどうでもよいのですけれど、書き込んでくる人々の、神様の高みから他人や世間をせせら笑うような書き方に、とりわけ苛立たされるものです。

この「全知全能な自分」たちの恐ろしさを私が最初に痛感させられたのは、「イラク人質事件」における彼らの反応でした。二〇〇四年四月、ヨルダンの首都アンマンからバグダッドに向かっていた三人の日本人――ボランティア活動家の高遠菜穂子《たかとおなほこ》さん（当時三十四歳）とフリーカメラマンの郡山総一郎《こおりやまそういちろう》さん（同三十二歳）、フリーライターの今井紀明《いまいのりあき》さん（同十八歳）――を誘拐した武装グループが日本政府に、イラク南部のサマワに駐留している自衛隊を三日以内に撤退させなければ三人を焼き殺すと要求してきた、あの事件です。

人質たちの家族はただちに上京し、外相らと面会して、三人が無事に帰国できるよう、自衛隊の撤退も視野に入れた対応を申し入れました。肉親として当然すぎるほど当然の行動だとしか私には思えなかったのですが、ネットの世界では憎悪の対象にされてしまいました。

第一報が流れた直後から、ということは正確な状況も背景も何ひとつわかっていない段階で、「生きたまま火あぶりだ」「チーン♪」「バーベキューが楽しみ」などといった悪罵があふれたのを、多くの読者はご記憶でしょう。人質たちの反体制的な活動歴が嫌われたとか、自作自演の誘拐劇ではないかとする観測が流れたためだなどとする見方が伝えられたのですが、だからといって、彼らが焼き殺されてよい理由にはならないし、そうされて当然だとあざけってよい権利を与えられた者など、いてたまるものですか。人間にはやってよいことと悪いことがあるのです。

全知全能の人間などいません。精神医学には「全能感」という用語があって、生まれたての赤ちゃんが何もかも自分の力で欲求が満たされていると錯覚しているのと同質の思い込みのことを指すのだと聞きますが、とすれば「全知全能な自分」を感じる人というのは、よほど幼稚でカラッポの人だということになりはしませんか。

恐るべき「ケータイユーザー5原則」

自分を全知全能だと思い込んだ人というのは、いつの時代も少なくないのだろうと思います。でも、以前はそんな人が何をどう騒ごうが、ここまでひどい話にはならなかった。全知全能はケータイの普及につれて世の中じゅうに広がり、通信インフラに乗って、人間の根本を変えてしまいつつあるように、私には見えます。

小此木元教授は書いています。インターネットは巨大なパワーなので、五感を幻惑してしまう。そこから得られる膨大な情報量は限りない知的好奇心を満たし、人をして全能感を沸き起こらせていく、と。

〈とりわけケータイを使うことで、人々はこのマインド・スリル（引用者注・全能感に満ちた仮想体験）を電車の中でも、職場でも、教室でも、時と所を選ばずに味わうことができる。（中略）

自由な交信によって、すべての現実的な制約を超えた無限のパワーを手にした気分になる。それは、インターネットの持っている科学技術によってつくり出された巨大なパワーに同一化することで得られる満足感である。人は誰も、何らかの苦痛、現実での孤立、自信のなさ、不安を抱いているのだが、それぞれインターネットの中では、誰もがこうした苦痛から解放されたすばらしい自分になることができる〉（傍点引用者）

というのです。自分自身で努力して獲得したのでも何でもない、ネット検索すれば誰でもアクセスできる情報を知ったからといって、どうして「全知全能な自分」になれるんだ？　と私は思うのですが、あれこれ言ってみたところで、人間なんてそんなものです。ネットやケータイにおぼれるとそうなるんだろうな、という漠然とした予感は、私も早い段階から持ち合わせておりました。そして「全知全能な自分」の集合体の醜悪さをイラク人質事件で見せつけられ、さらには小此木元教授の分析に共感して、それでもなおモヤモヤしていた部分がようやく解きほぐされた気がしたのは、つい三、四年前、ケータイビジネスのカリスマと言われた人物の手になる書物を読んでみた時のことでした。

市川茂浩《いちかわしげひろ》著『誰も知らなかったケータイ世代』（東洋経済新報社、二〇〇七年）です。著者の市川さんは一九七四年生まれ、ケータイ動画配信の草分け的存在「フロントメディア」の創業者でした。

いわゆる〝ケータイ中毒〟を批判したがる大人たちを戒《いまし》めるところから、市川さんは書き起こしています。そもそもの認識が甘すぎる、現代の若者たちにとって、〈ケータイは道具ではなく、自分の一部なのだ〉というのです。いつも一緒にいることができないパソコンなどはお呼びでない、〈乱暴な言い方をすれば、おそらく、紙でできたこの本を読んでいるあなたと彼らとは、人種が違う〉のだ、と。

ケータイビジネスを成功させたければ、「若者が理解できない」などとこぼしているヒマはありません。一九七九年以降に生まれた、パソコンの操作を覚えるより先にケータイに慣れてしまった世代を攻略するためには、以下の「ケータイユーザー5原則」を知るべきだ、と市川さんは言うのです。

①若者は、ケータイでいつでもつながっていたい！
②若者は、ケータイで何人もの役割を演じたい！
③若者は、ケータイで稼ぎたい！
④若者は、ケータイで秘密を持ちたい！
⑤若者は、ケータイで自己主張したい！

何も若者に限る必要はないのでは、と私は思いました。この「5原則」が書かれてからすでに五年、ケータイに関わる人間心理の変化は、もはや世代の問題ではなくなっているのではないでしょうか。

ケータイビジネスは、人の心の何を根拠としているのか

ともあれ市川さんは、「5原則」を踏まえつつ、成功できるビジネスモデルを挙げていきます。本書の性格上、細かな解説は省きますので、具体的な内容をお知りになりたい読者は、出典の『誰も知らなかったケータイ世代』に当たってください。

①ケータイへの接触時間を増やすものが流行《はや》る
②ケータイ上の別人格を演じられるものが流行る
③ケータイで新しい稼ぎ方ができるものが流行る
④若者に新しい「秘密」を持たせるものが流行る

⑤若者にささやかな自己主張をさせるものが流行る

いかがでしょう。なんだか先の、小此木啓吾元教授の議論と重なってはこないでしょうか。私がこだわる「全知全能な自分」との関わりで言えば、キーワードは「秘密」ということになるのでしょうか。ということで、「秘密」についての市川さんの文章を読んでみたいと思います。

――子どもを子ども扱いしたケータイサイトは絶対に流行らない。

市川さんはそう断言しています。何もケータイサイトだけでなく、十代向けのサービスを商っている人にとっては常識だとして、彼は続けていました。

〈大人は子どもをあくまで「子ども」と思いたがる。あるいは、子どもはこうあるべきだという枠にはめたがる。しかし、当の子どもは、逆に自分を大人だと思っている。だから当然、両者は食い違ってしまう〉

〈そしてケータイ世代の若者に向けたビジネスでは、当然、若者の視点を重視しなくてはならない。つまり、子どもにより秘密を持たせ、より大人化するためにどうすればいいかを、検討しなくてはならない。

そのためには、大人のトレンドをそのまま若者に提供してしまえばいい〉

〈一昔前なら、親は子どもの親しい友達のことはたいてい知っていたし、人間関係はおおかた把握できた。しかし、今はまったくわからないだろう。親はわかったつもりでいるかもしれないが、親の知らない秘密の人間関係が携帯電話の中につまっている。

その中に、さらに秘密を蓄積させていくようなサービスがあれば、若者に支持されるだろう。「プロフ」もこのニーズによって、人気が沸騰した〉

〈倫理的な問題は脇に置いておくとして、親に内緒で子どもに何かを提供したり、行動させたりするには携帯電話が最適の手段、ということになる。悪い面を言えば、援助交際などの犯罪は、携帯電話がなかったら成立しなかっただろう。秘密を担保できるツールがあったからこそ、起こったのだ。

しかし、親にチェックを受けていたら成立しない真っ当なビジネスというのも、意外にある。基本的に子どもが接触したいと望むものは、親にとってはあまり望ましくないことの方が多い〉（傍点はいずれも引用者）

〈こうして考えると、あくまで私の見解だが、流行っているものほど、それに反発したり問題視したりする人が出てくるものだ。ある意味、親が反発するものほど、若者の心をつかんでいると言えるのかもしれない〉

まだまだ現代人は未熟なのではないだろうか

なるほど、こうして考えると、〈流行っているものほど、それに反発したり問題視したりする人が出てくる〉――典型がこの私なのだと、我ながら思います。ただし倫理的な問題については、脇に置くつもりなど毛頭ありませんが、ここでは特に触れません。

すでに第二章で見たように、そもそもNTTや警察にしてからが、ゼニカネや天下りのためなら一般大衆など虫ケラ同然。チンピラヤクザ丸出しなのですから、今さら言うだけヤボというものです。普通なら公言はしにくいはずのホンネの部分を大っぴらにしてくれた市川さんには、むしろ感謝の気持ちでいっぱいです。

そんなことよりも、私が強調したいのは、ケータイユーザーが獲得するという「全知全能な自分」も「秘密」も、とどのつまりはケータイビジネスのマーケッターたちの思惑に操《あやつ》られた結果でしかありはしないのではないか、という疑問です。いや、カマトトぶりっ子はよしましょう。「〜のではないか、という疑問」ではなく、「〜のである、という実態」だと言い切ってよいと思います。

NTTや警察や、あるいは末端の事業者に至るまで、ケータイビジネスにとって都合のよい「秘密」を与えられ、己を「全知全能」なのだと思い込まされた挙げ句、いいように搾《しぼ》り取られていく。ところがその「全知全能」たるや、実際にはクラスの中のいじめられっ子か、でなければネット空間に浮遊する、縁もゆかりもない人物の名前に対してだけしか通じない、通じっこない現実……。

ケータイが湛《たた》える無限の可能性を、私は心の底から認めています。けれどもケータイに真っ当な発展を遂げさせるためには、現代人はあまりにも未熟だと思います。少なくとも私には百年早い。だから私はケータイを持ちません。

第四章　利便性の裏側にあるもの

特別手配犯の大捕物を、手放しで喜んでいいのだろうか

十七年間にわたって逃亡を続けていたオウム真理教の高橋克也《たかはしかつや》容疑者が逮捕されました。二〇一二年六月十五日午前、東京都大田区西蒲田のマンガ喫茶を出たところを警察官が職務質問し、彼自身が本人だと認めたため、最寄りの蒲田署に任意同行したとのことです。

あのおぞましい地下鉄サリン事件を実行したとされる、最後の特別手配犯が捕まったこと自体は、よいニュースです。でも私たちは、この逮捕劇を手放しで喜んでしまって、それで済むのでしょうか。

問題は、逮捕に至るプロセスです。高橋容疑者が川崎市内の潜伏先から姿を消したという報道をきっかけに、たちまち周辺の市民たちによる包囲網が敷かれたといいます。多くの人々が手配写真を片手に目撃情報や写真をツイッターなどに投稿し、あるいは警察への通報を繰《く》り返しました。高橋容疑者の似顔絵入りTシャツをネット販売したファッションブランドもあります。

警察はこの包囲網を大いに活用しようと、今や街中に張り巡らされている監視カメ

ラの捉《とら》えた映像を次々に公開して、マスコミもこれに乗りまくりました。とりわけ地元の川崎や蒲田では、彼に対する追跡が、警察と市民が渾然一体《こんぜんいったい》となった、まるで盛大なお祭りみたいだったようです。

ケータイで結ばれる一億総公安警察。劇場型犯罪だと騒がれたサリン事件の幕切れにふさわしいと言えばふさわしい。そこにはもう、監視社会に対する批判的な視点など入り込む隙間はありません。

相手はオウムだぞ、野放しにしていたらいつまたサリンを撒《ま》かれるかもしれないじゃないか、という反論が聞こえてきそうです。ですが、監視社会がオウムにだけ適用される保証などないのです。何でもかんでもアメリカに従う政治がより進み、いずれ彼らと同様の、絶えず戦争をしてなければ経済も社会も回らない日本にされてしまいかねない時代です。服従を潔《いさぎよ》しとしない人間はそれだけで、高橋容疑者と同じように、市民の包囲網に追い詰められていくことになりかねないのではないでしょうか。

二〇〇六年でしたか、警視庁が事件や事故の現場写真のケータイ送信を奨励しはじめた頃から、私はいつかこうなるだろうと予測してはいました。それにしても、ああ、それにしても、こうも易々《やすやす》と……。

ケータイの普及は、密告システムの進行でもある

「私はケータイを持っていないんです」と言うと、しばしば、「監視されるから?」と返されます。たしかに私は、一九九九年に『プライバシー・クライシス』(文春新書)を発表して以来、監視社会批判を中心的なテーマのひとつに据《す》えてきましたから、そのことを知っている人にとっては、ごく自然な反応なのだと思いますが、違います。

ケータイの不携帯はあくまで美意識の問題でしたし、今でもこの考えが持たない理由のコアであることに変わりはありません。監視の問題をあまり深く考えすぎると気が狂いそうになるものですから。

でも、最近はそうとばかりも言えなくなってきたような気もします。ケータイと監視社会との関係は、もはや見方だとか可能性だとかの次元をはるかに超えて、あからさまなほどです。だから、少しでも監視の目から逃れるためにも、ケータイを持ちたくないのです。それで気が狂うなら、そういう世の中であり、時代なのでしょう。

高橋容疑者の逮捕をめぐるお祭り騒ぎは、密告システムとしてのケータイの威力を浮き彫りにしました。ですが、あんなものは氷山の一角です。ケータイには現在位置を特定できるGPS機能が付いていて、だから追跡を恐れた高橋容疑者は自分から電話する時にだけケータイの電源を入れ、普段は切っていたという報道がありましたが、このあたりの事実関係はどうにもよくわかりません。

電話する時だけでも電源を入れるのなら、警察が本気である限り、見逃されるはずがありません。そもそも電源を切っても微弱な電波は飛ぶので、これまた警察がその気になれば、ケータイの現在位置はかなりの程度、絞り込むことができるというのが定説です。二〇〇九年八月にタレントの「のりピー」こと酒井法子《さかいのりこ》さんが覚せい剤取締法違反で逮捕された時にも、その手の話が、ずいぶん囁《ささや》かれていました。

とすれば、高橋容疑者の所在など警察はとっくの昔に突き止めていて、捕まえるタイミングを見計らっていたのかもしれません。川崎市内の潜伏先というのも、GPSで探知されたのではないでしょうか。どだい逃亡犯が常時ケータイを持ち歩くということ自体が妙な話です。とはいえ、憶測をいくら書き連ねても意味がないので、この問題についてはちゃんと取材してから物を言うことにして、先に進みましょう。

CRM（顧客関係管理）で、ここまでのことができる

ケータイを基盤とする監視社会の運用主体は、警察だけではありません。もちろん監視で得られた個人情報は最終的に国家体制の護持というか、言論や思想の統制にも利用されると見て間違いないのですが、多くの場合、とりあえずは民間企業のマーケティング目的、要するに金儲けが前面に打ち出されているようです。

私がケータイのGPS機能というものを知ったのは、二〇〇〇年代に入った直後ぐらいのことでした。ユーザーにとっては常識だったかもしれませんが、なにしろ実際に使っていないので、情報が遅いという傾向は免《まぬが》れないようです。

二〇〇二年には日本マクドナルドがKDDIと提携し、GPSを活用した実証実験を始めています。山手線内の百二十六店舗で展開される「マックトーキョー」というキャンペーンの宣伝を、各店の近くにいる消費者だけに送信するという試みでした。

いわゆるＣＲＭ（カスタマー・リレーションシップ・マネジメント＝顧客関係管理）と呼ばれるマーケティング手法の一環だと、ＫＤＤＩと大手広告代理店の共同出資で設立されたモバイル・サービス会社に教えてもらいました。他ならぬ実証実験を担当されていた部長さんの話です。

ＣＲＭというのは一般に、企業が情報システムを駆使して顧客の利便性や満足度を高め、長期的な関係を築いていく手法を指《さ》しています。この際、特にケータイのＧＰＳ機能によって特定できるユーザーの位置情報は、商品やサービスを売り込もうとする側にとって宝の山そのものであり、より効果的なＣＲＭを実践するためには、どうしても活用したいものなのです。

それはそうでしょう。特にお店の場合、今現在、近くにいて来店可能な消費者にだけ広告を届けることができれば、大いに無駄を省けます。相手の個人情報や、一緒にいる人との関係まで解析すれば、それに合ったメッセージを、その人たちのケータイのディスプレイにピンポイントで流すことだって可能になるわけです。遊園地帰りの家族連れにはファミレスの、夕刻に同じ会社の同僚たちがそぞろ歩いていればビアガーデンの、不倫カップルがフレンチレストランのワインでほろ酔いになっているようならラブホテルの広告を、などというふうにです。

胸騒ぎを感じた私は、折に触れてCRMの専門書を紐解《ひもと》くようになりました。そこで出合ったのが次の記述です。顧客との直接の接点を持つ企業にとっても、顧客が何を求めているのかを知ることができるポイントは精算の瞬間だけだったなどとして、こうありました。

〈しかし、ケータイの特性をうまく活用できれば、精算以前においても顧客の行動は把握できる。現在いる場所や時間、顧客の過去の購買傾向から、行動を推測することが可能となるからだ。

例えば、「金曜夜二〇時に渋谷にいる」可能性が高い顧客（新宿にある大学に通う二〇代前半の大学生で、水・金の午後から渋谷で塾講師のバイトをしている）に対し、過去の購買履歴や嗜好情報から今の気分に合った情報（バイト明けに仲間と一杯どうですか？）を、金曜夜一九時三〇分頃に提供する。実際にその場所に行くよりもほんの少し先に、目的地の、まさにかゆいところに手が届く情報をケータイに提供することで、ターゲットとする商圏での購買を誘発できる可能性はぐんと上がる〉

アメリカ資本の経営&テクノロジーのコンサルティング・ファーム「アクセンチュア」の三《み》谷《たに》宏《こう》治《じ》さん（現在、退社）と、同社の「戦略グループ」および「ＣＲＭグループ」による、ズバリ『ｃｒｍマーケティング戦略――〈顧客と共に〉』（東洋経済新報社、二〇〇三年）からの引用です。彼らはこうした顧客の購買・行動動線に着目したマーケティングを「超動線マーケティング」と呼んでいるのだそうです。

〈さらに、この超動線マーケティングの実践は、顧客の行動そのものを変えてしまうことさえも、可能だ。

例えば、恵比寿にいる顧客に対して、近隣の渋谷の馴染み店からの情報を配信する。彼らが渋谷へ行く意図が事前にあったかどうかにかかわらず、物理的に実際に渋谷へ誘導し、商圏を移動させてしまうのだ。

こうした、ケータイと個人とを紐《ひも》をつけて把握できることによるバーチャルな商圏へのマーケティング実現のインパクトは大きい。これまで、はっきりした目的もなく浮遊している顧客層に対して、企業は到達手段を持ち得ず、店先を多くの人が通過し、また店内には多くの顧客がいるにもかかわらず、彼ら一人ひとりの属性、嗜好、行動パターンはほとんど把握できなかった。企業は手をこまねいて見ているか、あるいはできるだけ多くの顧客に声をかけるしかなかった。

しかし、これからは違う。企業は刻々と変わっていく目的ごとに、来て欲しいターゲットを絞り込んだ上で「二〇時に新宿で仕事帰りの二〇代女性向けにタイムセールを行なう」などのキャンペーン実施が可能となる。もしくはピンポイントで「現時点で六本木にいる顧客」に対してコンタクトを取ることができる。ステルス化し、模糊《もこ》化《か》した、曖昧《あいまい》で顔が見えなかった顧客を、そのTPO付き個人として、明確に把握できるようになるのだ〉(傍点引用者)

利便性と引き換えに、手放してしまったもの

うーん……。読者の皆さんはどう思われましたか。私はこの文章を読んで、ますますケータイを持たない決意を強くしてしまいました。

なぜなら、これでも私は、自由な魂《たましい》を湛《たた》えた一人の人間なんですよ？　購買履歴だの行動パターンだのを勝手にデータ化され、「お客様」でも、「消費者」でもない、お前は「商圏」だと露骨に呼び捨てられて、ついには誘導されてカネを使わされてしまうだなんて、それじゃあ私の人生って、いったい何なんですか。マーケッターの金ヅルになるために生かさせていただいているだけの、ただ単に息をするサイフでしかないってことじゃないですか。

彼らに解析される私たちの全言動を称して、「ライフログ」というそうです。ケータイなど機械サイドに関わるセンシング・ログ、天候をはじめとする周辺環境などのデータ等を合わせると「ビッグデータ」とやらになるとかで、マーケティングの世界だけでなく、経済マスコミでもごく普通の用語になってきています。息をするサイフらしい言われようではありますす。

そうやって送りつけられてくる情報が便利なのは疑いようもありません。マーケッターの仕事一般をくさすつもりもまったくないです。だけど人間には、利便性と引き換えにしてよいものと悪いものがあるはずだと、私には思えてならないのです。

ちなみに、この本をまとめた「アクセンチュア」は、日本を含む世界各国の電子政府化の中核を担《にな》うオペレーションをグローバル展開している、ワールドワイドなビッグ・ビジネスです。アメリカ最大の監査法人であるアーサー・アンダーセンのコンサルティング部門が一九八九年に分離独立して誕生した会社です。現在における登記上の本社はアイルランドのダブリンですが、二〇〇九年まではカリブ海に浮かぶ英領バミューダ諸島でした。いわゆるタックス・ヘイブン（租税回避地）というやつですね。

アクセンチュアは、もともとの本国であるアメリカでは、原則すべての外国人渡航者から入国時に指紋を採《と》り、顔写真を撮影する制度（US-VISIT。二〇〇四年～）の設計・管理を請け負っていることで知られています。日本でもこれに追随した生体情報の認証装置と「自動化ゲート」、検察庁や国税庁の決済システムなどに深く関与しています。国の根幹部分を外資に明け渡してよいのかという趣旨で、社民党の保坂展人《ほさかのぶと》衆議院議員（現・東京都世田谷区長）が国会で追及したこともあるのですが、マスコミに黙殺されて、それっきりになっています。

私とて、偉そうなことを言う資格はありません。アクセンチュアの日本法人の動きについては早い時期からキャッチしていたのですけれど、その時は取材を拒否されて、「外資がどうのこうのよりも、とりあえずは監視社会の恐ろしさを世間に伝えるのを優先しよう」という理屈であっさり諦《あきら》めてしまった経緯がありますし、保坂さんが熱心に取り組んでいた時期にも別の仕事で忙しくて共闘できなかったのです。

この際ですから書きますが、実は監視社会のテーマというのは雑誌にも新聞にも、まったく喜ばれません。疎《うと》まれると言ってもいい。プランを持ち込んでも断わられがちなものだから、私としても、どうしても後回しになりがちなのでして……。でもまあ、そんなのは言い訳です。久しぶりに「アクセンチュア」の名前を発見したのですから、今度こそ徹底的に追いかけなければと、改めて心に誓いました。

国土交通省の「スマートプレート」構想とは何か

ここ数年、なんとなく停滞したふうになっていますが、国土交通省が虎視眈々《こしたんたん》と実用化を狙っている構想に、「スマートプレート」というのがあります。車のナンバープレートに非接触型のICチップを埋め込み、交差点や道路上のゲートにアンテナを林立させて、車が接近するつど、チップに搭載された所有者や車両の用途など陸運局の自動車登録ファイル記載情報を無線で読み取っては次のようなサービスを行なうというものです。都市部の車両流入制限。有料道路や駐車場の料金計算・徴収の自動化。踏切等での危険予知・誘導。身体障害者用車両専用駐車場での利用。ホテルや病院などでの到着通知システム。緊急車両の運行支援、等々。

道路交通の情報化を謳《うた》った国家的プロジェクト・ITS(高度道路交通システム)の中核的な計画です。ITSではすでに、車載機と道路側との無線通信で高速道路の料金を利用者の銀行口座から自動的に引き落とすETC(自動料金収受システム)が本格的に稼働しており、広く知られてもいるわけですが、スマートプレートは、あれを全道路に拡大したイメージで捉《とら》えるとわかりやすいかもしれません。

私はこの構想を二〇〇一年に取材したのですが、霞ヶ関のお役人たちは、スマートプレートを使えば何でもできるという妄想に取り憑《つ》かれているように思われました。先に列挙したような新サービスの数々はあくまでも表向きです。日本中の道路をアンテナだらけにして通信が途切《とぎ》れないようにすれば、その車両の走行距離もルートもすべて把握できるから損保や中古車の業界に喜ばれるはずだとか、幹線道路や高速道路に据え付けたNシステム（自動車ナンバー読み取り装置）と連動させればクルマの監視は完璧だと言い放つ人もいました。

もちろん、前出のCRMにも活用できます。スマートプレートで割り出される車両の情報は国土交通省に独占されることはありません。民間にも開放されていく前提で議論が進んでいました。

とすればマーケッターは、ターゲットに定めたクルマのカーナビに、「一キロ前方に、あなたの大好きな焼肉のレストランがありますよ」などという宣伝を送信できてしまうことになるわけです。第二章でも触れた、これぞクルマの〝未来形〟なんです。ＩＴＳは何十兆円市場だ、などと語られるのは、こういう、広告マーケットも含めての話です。

なんだか近頃はネットゲームやツイッターまでできるカーナビも売り出され始めたそうで、ここまでくると、わき見運転というのは、もはや国是《こくぜ》になった感があります。クルマを走らせながらゲームに興じるのが正しいドライバーのあり方で、安全運転を心がける奴なんかは非国民のようです。

さて、スマートプレートの話題だけでは本書の趣旨と離れていってしまいます。私がここで言いたかったのは——。

スマートプレート構想の取材で総務省を訪ねた時の話です。無線は電波行政を司《つかさど》る旧郵政省の所管ですから、その立場からはスマートプレートがどう見えるのかを聞きたかったのですが、応対してくれた担当の方の話は、どんどん広がっていきました。

「ねえ斎藤さん、これって、何もクルマだけに止めておく必要なんかないって思いませんか？」

——え？　はあ。

「今、国民の誰もがケータイ持っているじゃないですか。これにICチップをくっつけておけば、道路に立てたアンテナで、やっぱり所有者の情報を読み取れるんですよ。スマートプレートと同じ原理ですね」

――へえ。

「ということは、GPSよりももっとキメの細かい情報を、皆さんのケータイ端末にお届けできる。どうです？　イケると思いませんか？」

またしてもCRMでした。誰がいつどこで誰と一緒にいて、という情報を、今や官民挙げて集めようとしているんだ。そんなことあんたたちに何の関係があるのか、もういいかげんに堪忍してくれよと言いたい気持ちで、私の心はいっぱいになりました。

社内での会話が、すべて人事部に記録される!?

私の祈りは天の神様に聞き入れてもらえなかったようです。スマートプレート構想がやや足踏みしているのは前述の通りですが、この間にはソニーの非接触型ICチップ「ＦｅｌｉＣａ《フェリカ》」を内蔵した「おサイフケータイ」が広く使われるようになりましたし、二〇〇七年には日立製作所が「ビジネス顕微鏡」という名の〝コミュニケーション測定システム〟を完成させています。

近頃は企業でも官庁でも従業員が名札をぶら下げさせられていますが、あれに非接触型のＩＣチップをくっつけて、他の人のチップに近づくと通信し合うというシステムです。で、誰とどれだけの時間を近くで過ごし、その間どんな仕草をしたかなどといったデータがサーバに転送されていくのです。

そんなことをして何の役に立つのかというと、たとえば組織内でのコミュニケーションの中心は誰が担《にな》っているのか、セクション間のパイプ役は誰なのか、などを客観的なデータで測《はか》ることができるのだそうです。斎藤という課長には十人の部下がいるのに、そのうちＣさんとＨさんとはあまり対面していない、斎藤課長には管理能力が欠落しているようだ、などという分析もたちまち人事部行き。

ここまでくると、斎藤課長はもはや人間扱いされてませんね。まるでイヌ。上戸彩ちゃんが出ているケータイのＣＭで、白い本物のワンワンがお父さん役になっているのがありますが、あれはこういう近未来を暗示していたのでしょうか。

人間はイヌじゃありません。絶対に。

「ビジネス顕微鏡」は、すでに外部にも売り出されています。これに基づくコミュニケーション測定結果を解析して生産性の向上につなげるコンサルティング事業として、日立製作所では二〇一五年頃までに百億円規模の受注を目指すと報じられてもいます。

目下のところは企業内で利用されるシステムですが、いずれ時間の問題で、社会全体に広がっていくでしょう。ＩＣチップを名札でなく、「ＦｅｌｉＣａ」のようにケータイに埋め込んでしまえば簡単です。

私が総務省のお役人に聞いた構想の応用編です。一億二千万人の日本国民が、いつ、どこで誰と一緒にいたというデータを政府が常に分析している光景を想像すると、私は反吐《へど》が出るほど気持ち悪くなるのですが、皆さんはいかがですか？

ちなみに日立社外の研究者が「ビジネス顕微鏡」に言及した論文の類《たぐい》には、「コミュニケーションの媒介そのものである会話が収集できないのは難点」であるかのような記述が散見されます。ですが、そんな〝問題〟は政府にとっくに承知されていて、たとえば安倍晋三《あべしんぞう》内閣が設置していた有識者会議「イノベーション25戦略会議」(座長=黒川清《くろかわきよし》・東京大学名誉教授)は、二〇〇七年にまとめた報告書で、「公共的空間に設置された監視カメラで認識し、人相・しぐさ・顔かたち・音声等を解析することにより、指名手配犯・重要参考人等の所在確認を支援する技術」を二〇一九年までに実用化すべきだと強調していましたから、そのうち日本中の街という街には(街じゃなくてもかな)、顔認識技術(後述)と連動した監視カメラ網や、集音マイク網などが敷き詰められることになるのでしょう。

とすれば逆もまた真なりで、社会全体で始めることは企業内にも及びます。社内での会話はすべて人事部に記録されている、などという未来が、ホラ、すぐそこまで来ているんですよ。

こうして監視社会のテーマを論じると、必ず返ってくるのが、「あんたはいつも後ろ暗いことばかりしてるから、警察の目を恐れるんだろ。俺は何も悪いことなんかしていないから、いくら見張られたって平気だよ」という反応です。どう思われてもご自由ですが、私たちの言動が正しいのか悪いのかは、必ずしも私たち自身が決められるわけではありません。監視カメラでもビジネス顕微鏡でも、監視された者の正邪を決めるのは警察か人事部か、システムを運用する側なのです。

なお二〇〇七年は、大容量・高速の第三世代ケータイにGPS機能の搭載が義務づけられた年でもあります。最大でも数メートル程度の誤差しか生じない高精度での位置情報通知がなされるようになり、110番と119番の緊急通報で警察や消防に自動的に現在位置を知らせるためと広報されました。それはそれで嘘ではないのでしょうけれども。

私などは絶対、簡単にひっかかってしまうCRM

二〇一二年現在、ケータイを使ったCRMがどこまで進化しているのか、私にはよくわかりません。関わりたくないのも理由のひとつでケータイを持たないのですから、それでよいのです。

みんなが喜んでいるものを嫌がるなんて、こいつはホントにひねくれた野郎だなと呆《あき》れている読者も多いことでしょうね。ただ、一九五八年生まれの私は、振り返ってみると典型的なテレビっ子でした。それで、コマーシャルにものすごく弱い自分自身をよくよく知ってもいるのです。

子どもの頃は粉ジュースばかり飲んでいました。♪ワタナベの　ジュースの素《もと》ですもう一杯、という渡辺製菓のCMソングが大好きだったからです。

アニメ『エイトマン』のスポンサーだった丸美屋食品のふりかけ「のりたま」を、いつもご飯にかけて食べていました。母が愛情を込めて作ってくれた料理より、こっちのほうがいいと言ったこともあるバカ息子です。エイトマンが宣伝しているものが一番おいしいんだと信じきっていたのです。

アサヒビールの「アサヒ・スタイニー」とか、サッポロビールの「サッポロ・ジャイアント」といった、マイナーな新商品のCMにも魅了されました。ビールを買って来いと父に命じられ、お隣りにあった酒屋さんでその手のビールを買ってきたら、「俺はキリンしか飲まない。取り替えてこい」と叱《しか》られました。当時のキリンビール神話というのも、それはそれで、強大な三菱資本によるイメージ戦略の産物に他ならなかったわけですが。

今も似たようなものです。自宅の仕事場でこの原稿を書いている時、ひと息つこうとリビングに出向きテレビをつけたら、CS放送か何かで健康食品のCMをやっていて、これを愛用しているとかのカレーうどんチェーンの創業者が登場していました。そのまま妻の買い物について行ったスーパーで、私はいつの間《ま》にか即席カップカレーうどん九十八円也を探し出してきて、大笑いされました。

「あー、カレーうどんだ」

「うん。なんか食いたくなってさ」

「コマーシャル見たからでしょ」

「？　さっきのは健康食品だろ」

「サブリミナルって、このことね！」

？　？　……アッ！

気がついて、あ然ボー然。たしかにテレビにはカレーうどんチェーンのお店も料理も映っていたけど、うまそうだな、食いたいな、なんて、断じて思ったつもりはなかったのに。でも買って食べました。

　こんな私がケータイのCRMなんかにさらされた日には、どれだけ操《あやつ》られてしまうか、わかったものではありません。たちまち破産してしまいます。ケータイを持たないのは、私なりのプライドとか価値観のゆえにばかりではありません。生活上の自衛でもあるのです。


こんなことまでする必要があるのか、と思う

「カレログ」っていう、スマートフォン用のアプリケーションソフトがあるそうですね。あるモバイル・サービス会社が二〇一一年八月に売り出した「彼氏追跡アプリ」だとかで、要はカップルの片方が相手のスマホにこいつをインストールさせると、その位置情報や通話記録をいつでも確認できるという〝スグレモノ〟です。

　さすがに、プライバシー侵害もはなはだしいという批判が相次ぎました。会社側では同意確認の徹底や通話記録の送信は停止するなど、いちおうの対策を取りながら、「カレログ」を継続していましたが、二〇一二年十月をもってサービスを終了させることにしたそうです。もっとも、「カレログ」はなくなっても、その原型であったNTTドコモの位置情報検索サービス「イマドコサーチ」は相変わらず売れているようですね。私自身はスマホどころか普通のケータイも持たないので、だからといってどうということもないのですが、自分があと三十歳も若くて、青春真っ盛りだった頃にこんなものが出現していたら、いったいどんなことになってたのだろうと思い、ゾッとします。

「カレログ」は女性が会員になって男性の動きを追跡するのが原則だったといいますが、恋人の女性に「インストールに同意して♡」と言われたら、男が断われるはずがありません。愛情を疑われてしまいますから。

でも毎日のように居場所や電話をかけた先の説明を、しかも電子的に確定されたデータを前に求められ続けたら、浮気なんかしてなくたって、絶対におかしくなりますす。長続きしっこないと考えるのは私だけでしょうか。それにこれ、手続きはスマホのディスプレイ上で完結するのですから、男が女になりすまして女の動きを追跡することだってできてしまうわけです。

どっちにしろ、きちんと別れて、カレログの同意も取り消しだ、ということにできるのなら、それはそれで一件落着ではあります。でも完全には切れずに解約もならず、片方だけが未練を残してるなどという場合は、かなり怖いことになるのではないですか。他人事《ひとごと》ながら、ストーカー殺人に利用されたりしないかと心配になります。いいえ、もうすでに使われてしまっているかもしれません。

この「カレログ」が可愛く見えるスマホアプリの存在も知りました。〝最凶〟の誉れも高い「ケルベロス」(Cerberus)というやつです。

定評ある経済誌「週刊東洋経済」の二〇一二年十月八日号に掲載されたレポート「本当は怖い。スマホ社会の落とし穴」から引きます。やや長めですが、大事なことだと思うので。

〈このアプリをダウンロードした端末はパソコン経由で遠隔操作が可能になる。GPS(全地球測位システム)センサーのログで移動経路や現在位置を確認、電話の通話記録を取得できるのはもちろんのこと、驚くべきは、ひそかにスマホのカメラを起動させて写真撮影したり、マイクで周辺の音声を録音したりし、操作側に送信する機能があることだ。

　なぜこんな機能があるのか。冥界《めいかい》の番犬の名前が冠されていることでわかるように、開発者側はケルベロスをスマホの盗難・紛失対策アプリとして販売している。前述の操作は行方不明になった端末の所在を突き止めるうえで有用だ。ほかにも「スマホ返せ」といったテキストメッセージを表示して警告を与えたり、端末やＳＤカードのメモリーを他者の目に触れないよう消去したりもできる。世界でのダウンロード数は最大５万回に上り、ユーザーコメントには「安心して使える」、「盗難防止対策の最高傑作」といった高い評価が並ぶ。しかし、ダウンロードする人の意図次第では悪用が可能なのも事実だ。

　ＧＰＳやカメラはスマホ以前の従来型の携帯電話端末にも搭載されており、カレログやケルベロスのようなアプリも物理的には可能だった。にもかかわらずこういったアプリがなかったのは、日本国内では通信事業者がＯＳ、ハードウェアからアプリまで垂直的に管理し、アプリ開発に必要な端末やＯＳの詳細な仕様は通信事業者が認めた開発者にしか明かさず、不適切な利用の可能性のあるアプリは流通を制限してきたからだ。この結果、ユーザーにとっては「セキュリティは通信事業者任せ」の状況が続いてきた。

これに対しアンドロイドスマホでは主導者のグーグルがOSやハードウェアの仕様をほとんど公開しており、誰でも自由にアプリを開発できるようにしている。販売面でもアプリ内容の事前審査は基本的にない。これは多彩なアプリが登場し市場が活性化する動力になっているが、一方でウイルスなどが入った悪意のある「マルウェア」でさえ、ユーザーなどからの指摘を受けて事後に削除する形でしか摘発されない。またアプリのダウンロード時もパスワード入力を求められない。端末のロック解除さえできれば、第三者のスマホにアプリを入れることも可能だ〉（傍点引用者）

なんだかもう、「そらあんた、ムチャクチャでござりまするがな」（©花菱アチャコ）、という感じです。この「週刊東洋経済」だけでなく、最近はスマホからの情報漏えいに警鐘を鳴らす報道が目立ってきました。ケータイ関係の批判は極力避けてきたマスコミが、それでも報じざるをえないでいることの意味を、ユーザーの方々には、よくよく考えてみてほしいと思う今日この頃です。

「カレログ」と「顔ちぇき！」

本当に怖いものというのは、最初はむしろ優しげに、楽しそうな装いで近づいてくるのではないでしょうか。ファシズムと同じですね。可愛い猫ちゃんのキャラクターで売り出された「カレログ」にしても、開発者や提供者の思惑がどうであれ、そのような経験則から免《まぬが》れているとは考えにくいと思います。

私は監視社会の問題を何年も取材しているものですから、「カレログ」のようなサービスが現われると、不安でなりません。とてつもない監視のポテンシャルを擁《よう》するテクノロジーが、最初は遊びのような形で提供され、誰もがこれを楽しみながら馴《な》らされていく。私たちはそしていつの間にか、絶えず見張られ、操られるだけの人生に甘んじさせられるようになっていくのではないでしょうか。

別に陰謀論ではありません。サービス業者は、ただ単にウケそうだから監視のテクノロジーを使うのでしょう。それが結果的に、より上位のパワーにとって都合のよい、大衆の誘導役を務めてしまうというだけの、ごくごくありがちな話です。とはいうものの、事実上の携帯義務があるものにハイテクをちりばめれば、これを運用する側はたいていのことができてしまうのもたしかではあります。

近年だと二〇〇七年に開始された「顔ちぇき！」というモバイルサイトも気になりました。いわゆる顔認識技術を応用し、ケータイのカメラで撮影した顔写真と、あらかじめ登録されている芸能人らの顔写真データベースとを照合し、誰に似ているかを瞬時に照合してのけるというサービスです。飲み会などで他愛なく盛り上がれるゲームになるので、かなりの人気があるようです。

なお顔認識技術というのは、指紋や目の光彩、網膜、声紋などと同様に、人間の生体を識別する「バイオメトリクス」と総称されるテクノロジーのひとつです。「顔ちぇき！」に採用されているのは沖電気工業のシステムです。

報道によると、警視庁は例のオウム真理教・高橋克也容疑者を追い詰めるのに二〇ヵ所の関係先から合計約一千台の監視カメラが捉えた彼の画像を集め、顔認識技術をかけて割り出していったといいます。近い将来には監視カメラと顔認識を自動的に連動する仕組みにしていくのが警察庁の方針で、すでに各地で実証実験も行なわれています。

ケータイに操《あやつ》られるために生きているのではないのだが……

カレログと同様に、ケータイのＧＰＳ機能を活用した位置ゲー（位置情報ゲーム）の一群にも、私は怖れを感じています。多くの読者には釈迦《しやか》に説法でしょうが、日本では二〇〇〇年に開始された「誰でもスパイ気分」と「クリックトリップ」というのが始まりだそうです。

現在は「コロニーな生活☆ＰＬＵＳ」（略称コロプラ）が位置ゲーの代表格だと聞きました。ケータイの画面上に設定した街（コロニー）を、参加者が現実に移動した距離に応じて発展させていくというゲームです。コロニーを充実させるためには移動距離を稼いでゲーム上のポイントを獲得する必要があるので、熱心な参加者は週末も返上してあちこちに旅行したがるのだとか。

そこでコロプラの運営主体はＪＴＢやリクルート、マツダレンタカー、ＪＲ九州などと提携しては観光ツアーを企画しています。行き先の観光地でお土産を買うと、ゲームで使えるアイテムを貰《もら》えたりもして、大変な人気だとのこと。不景気に苦しむ観光業界にとっては救世主とまで言われていると、経済誌などには報じられています。

バーチャルなゲームと現実の行動との、不思議な絡み合い。資料を読んでいるだけで、ケータイ嫌いの私でさえやってみたくなる誘惑に駆られてしまいそうですが、これもまた、狙いがＣＲＭにあることは明白です。

三菱総合研究所の情報技術研究センターで研究員をしている小関悠《こせきゆう》さんという人が書いています。「週刊エコノミスト」（二〇一〇年十一月二日号）の「『位置ゲー』って何だ？　ゲームから広がる行動分析ビジネス」から。

〈位置ゲーが応用できるのは観光だけだろうか。そうではない。位置ゲーのユーザーが自分の居場所を次々に登録して回るということは、ゲームを提供するサービス側にとってみれば、いつ誰がどこへ行ったのかという人の行動データを大量に入手できるということでもある。この行動データは宝の山だ。（中略）「人の行動を分析したいので、あなたが今いる場所を定期的に教えてください」と言われて同意する人はなかなかいない。しかしゲームを通じてであれば、人は積極的に自分の行動パターンを明らかにする。これはゲームならではだ。

行動データを分析すれば、具体的には何ができるだろうか。すぐに思い浮かぶのは広告での活用だ。インターネットでは、普段どのようなウェブページを見ているかによって表示する広告を切り替える「行動ターゲティング広告」が一般的になってきている。不動産のページばかり見ていると、マンションの広告が多く表示されるという具合だ。行動データがあれば、現実世界においてもこうした広告が可能になる。

たとえば、あなたの行動データを分析して、毎週水曜の夜は仕事を早く切り上げて飲みに出かけるというパターンを発見できれば、水曜の昼に居酒屋のクーポンを携帯電話に配信するという広告手法が生まれる〉（傍点引用者）

なんだか力が抜けて、悲しくなってきました。自分の街を築いていくゲームに、

「植民地」の意味が強い「コロニー」(colony)の英単語を充てるというのもいかがなものでしょうか。

普通のコマーシャルはもう仕方がないです。簡単に乗せられるほうも悪い。だけどCRMは次元が違う。人間というものを舐めきっています。

だからどうしても思ってしまうのです。俺はお前らに操られるために生きてるんじゃねえぞ! って。

私、うるさいですか?


10年も前に出た、小室哲哉《こむろてつや》の奇妙なエッセイ

あまり余計なことを考えなければ、「顔ちぇき!」も「コロプラ」も、とても面白いものなのだろうと思います。それで思い出しました。もう十五年も昔のことで、ケータイと直接の関係はないのですが、一九九七年の夏、女子高校生たちの間でバーコード柄のタトゥ(入れ墨)シールが大流行したのです。

〝若者の教祖〟と謳《うた》われたアーティスト・安室奈美恵《あむろなみえ》さんが二十歳の記念に本物のタ

トゥを右手首に彫ったというニュースを受けて売り出された商品で、この夏だけで七〇万枚を売ったといいます。ひとつの図柄では二万枚売れればベストセラーというのがその頃のタトゥ・シールの常識だったそうですから、ケタ外れの大ヒットだったということになります。

この話題は『プライバシー・クライシス』を書いた時に取材しました。すると辿《たど》り着いたのが、アムロちゃんを売り出した音楽プロデューサー・小室哲哉さんの奇妙な文章です。一九九三年に刊行されたエッセイ集のラストで、なんとも唐突に、

〈全国各地の主要都市なら、どこでも買える有名ブランドがあるとしよう。そこのヒット商品は全国均一でも、全体の品揃えやアイテム数はやはり東京が抜群なのである。つまり、情報量が多いのだ。そこで情報の選択眼やピック・アップする力は鍛えられる。それも自然に、だ。浪費によって得られるものがそれなのだ。

その能力が高まると、人はより個性的で個人的になる。細分化だ。同じ組合わせの人間がひとりもいなくなる。（中略）

少々、未来的すぎるかもしれないが、この細分化が進み、個人の存在が極まると、全世界共通のＩＤ番号制の時代が到来する。国民番号的で拒絶反応を示す人もいるだろうが、地球規模というスケール感と個人の存在感が両立できるのだ。個人のナンバリングとは統制のためだけではなく、個人の独立のためにも有効活用できるはずだ。世界で唯一無二の何ものかを手にできるのだから。また、名も知らぬ国の赤の他人同士でも、ID-2568990711とID-3265249711とで、下三桁が同じだというきっかけでめぐり会いロマンスが生まれるかもしれない。逆に、それなりの弊害もあるのだろうが…。

それほど集団よりも個人が大事で、ひとりひとりがindividualな存在になろうとしているのを、東京にいると感じるのである〉(『告白は踊る』角川書店)

と書かれていたのです。早い話が国民総背番号制度の礼賛です。音楽ファンに向けたエッセイでこんなことに触れる小室さんの真意も背景もわかりません。例の国策ＰＲの一環で、どこぞの広告代理店にたきつけられたのかも。いずれにせよ、これと照らし合わせてみると、アムロちゃんのバーコード・タトゥも意味深《いみしん》に見えてきます。

監視社会をめぐる私のその後の仕事では、いずれ国民一人ひとりにＧＰＳ機能付きのＩＣチップが埋め込まれていく可能性なども論じたことがあります。すでにアメリカなどでは金持ちの誘拐対策として実用化されています。東日本大震災に伴う津波で多くの人が流されてしまうと、そのことを前面に掲《かか》げては、「だからこそ国民総背番号制度が必要なんだ」と絶叫し始めた有識者が幾人か見受けられました。

もちろん、行政が被害の程度を計算するのに便利だというだけのことです。国民総背番号制度で人間が家畜のように番号で監視・管理されたからといって、津波に流されなくなるわけではありません。

というわけで、そろそろ監視社会がらみの話題には一区切りつけておきましょう。本書は監視社会の批判を目的にしているわけではないのと、近いうちに監視社会そのものをテーマにした、新しい本を書き下ろす予定があるからです。もしも私の監視社会論に興味を抱いてくださった読者がおられたら、ぜひ、そちらもご一読ください。

本書はあくまでも「私がケータイを持たない理由」です。

第五章　ネオ・ラッダイトと呼ばれても

もはやケータイは、「自分の一部」より大きな存在

第三章で私は、人間がケータイで「全知全能な自分」を感じてしまうことの問題を指摘しました。全知全能の正体は、たぶんにケータイビジネスのマーケッターたちによって植え付けられた思い込みでしかないという現実も、です。

こういう話をすると、時に、剝《む》き出しの敵意を返されることがあります。それはもちろん、好きで使っているものをけなされれば頭に来るのは当然ではあるのでしょうが、ちょっと異常なほど、と言って悪ければ、まるで自分の全人格を否定されでもしたかのような反応でしょうか。

「はじめに」で、本書を世に送り出すことが少し心配だというような意味のことを記さざるをえなかったのも、このためです。ケータイを愛している人には不愉快に受け止められるに違いないと承知しながら、それでも誰かが言っておかなければならないと考えるゆえに、勇気を振り絞って書きます。

ケータイはもはや道具ではなく、自分の一部なのだと、〝ケータイビジネスのカリスマ〟は語っていました。その通りだと思います。

でも私は、現代人にとってケータイという存在は、自分の一部であるだけでなく、神であり、父であり、主人になってしまっているのではないかとさえ思うのです。本物の父親が子どもの成長段階を踏まえつつ、人生や社会の何たるかを少しずつ伝授していこうとしているところに、いつの間《ま》にかケータイビジネスが入り込み、彼らのロジックばかりがインプリンティング（刷り込み）されていくのです。

「グーグル様」などという言い方があります。あれはシャレになっていません。現代社会ではネットに依存し、その依存をケータイでさらに増幅させている人々が増えすぎてはいないでしょうか。

ケータイは、あるいはケータイの世界を動かしているNTTやマーケッターや警察の思惑の塊は、断じて神様などではありません。あなたを心から愛していて、あなたがエディプス・コンプレックスを抱くべき本当の父親は、別のところにいるのです。

新しいテクノロジーに適応するには緊張感が必要

ケータイに限りませんが、現代社会でネット社会の隆盛に少しでも批判的な意見を述べると、〝ネオ・ラッダイト〟の蔑称《べっしょう》を奉《たてまつ》られることになります。一九世紀の初頭、産業革命に沸いた英国中・北部の織物業地帯で展開された、手工業者《マニュファクチャラー》とその労働者らによる機械破壊運動の愚を繰り返そうとしている、という意味です。

ラッダイト云々《うんぬん》と言われると、それだけで進歩に逆《さか》らう時代遅れの守旧派、価値のない人間のレッテルを貼られたのと同じです。ですが私には、ラッダイト運動を進めた人々の気持ちがよくわかる気がします。だって人生を賭けてきた仕事が、たかが機械のために奪われ、生きる道を一方的に閉ざされるのです。食えなくなるのが嫌なら機械の動かし方を習って、新しい工場に雇ってもらえばいいじゃねえかだなんて、小ざかしい屁理屈をこねくり回すことができるのは、彼らへの打撃が自らの利益になるのか、でなければ何も関係がない人たちです。人生というのはそんなに簡単なものではありません。

ネットの普及で既存のマスコミが衰退しているからといって、私自身は職を失うところまでは行っておりません。ですから必ずしも自分自身の問題だということだけではなく、いつの時代でも、ラッダイトの視座が忘れられてはならないのだと思うのです。

少なくとも産業革命イコール万人にとってのバラ色ではなかった。支配者層に属しているわけでも何でもない、逆に支配されている側の人間が、やたらマクロな、まるで最高権力者でもあるかのような、俯瞰《ふかん》したというか、物わかりのよすぎる発想をしたがる今時の傾向には、どうにも承服できないものを感じます。

個々人のためにも、社会全体のためにも、です。新しいテクノロジーと、これと不可分の価値観が台頭してくる時代には、既存の価値観との間にピンと張り詰めた緊張感が伴っていなければならないのではないでしょうか。それでこそ人間一人ひとりの生存権や人権が辛《かろ》うじてでも守られる余地が生まれると、私は思うのです。

そこで、「私がケータイを持たない理由」の残りを駆け足で述べておくことにします。ここまで十分に論じられなかったのは構成上の都合であって、重要度が低いというわけではありません。

けっして無視できない、電磁波の問題

まず電磁波の問題です。WHO（世界保健機関）の「国際がん研究機関」（IARC）は二〇一一年五月、ケータイの電磁波と発がん性の関連について、「可能性がある」という分析結果を発表しました。記者会見でも作業部会の委員長が、「（脳のがんの一種である）神経膠腫《こうしゅ》や、耳の聴神経腫瘍《しゅよう》の危険を高めることを示す限定的な証拠がある」と述べたそうです。彼らは二〇一三年にもケータイの総合的な健康リスクを評価する研究をまとめる予定だとしています。

すでに規制を設けている国もあります。たとえばフランスは「十四歳以下の子ども向けの広告をすべて禁止」しており、英国は「十六歳以下は携帯電話の使用を制限すべきだ」だとする勧告を出しています。子どもの脳みそは、大人の脳みそよりも抵抗力が弱いのです。

ケータイ端末の電磁波でさえこうなのですから、基地局から発生される電磁波のパワーは言わずもがなでしょう。例によってマスコミに報じられる機会はほとんどありませんが、国内でも基地局建設をめぐる地元住民とケータイ事業者とのトラブルが後

を絶ちません。建設差し止めの訴訟に発展したケースも少なくないようです。

私が取材したことがあるのは兵庫県川西市《かわにし》の事例です。訴訟に至る前の段階で住民側が勝利した稀有《けう》な事例でした。

ここではNTTドコモ関西が地元の同意をきちんと取らず、強引に基地局を建設して稼働させてしまったのですが、それで重篤《じゅうとく》な健康被害に陥《おちい》ったという住民が続出したのです。持病もないのに血圧や血糖値が急上昇した人、てんかんの発作を起こした子、甲状腺の機能に異常をきたした子……。紛争は激化し、最終的には用地を提供していた阪急バスが二〇〇八年、イメージダウンを恐れて土地の賃貸契約の解除を約束したのが決め手になりました。

大阪簡裁での公害調停でも、電磁波と健康被害の因果関係が認められたわけではありません。結果的に住民の訴えが通った形にはなったものの、いやもう、実に嫌ァな話でした。

住民側の代表を務めていた初老の女性の悲しげな声が忘れられません。

「そもそも建設予定地と至近距離にあった二十数軒のうち同意のサインをしたのは四

軒だけで、あとは反対か、不在で話もしていませんでした。なのにドコモは自治会に同意書を発行させ、阪急に土地を借りて、さっさと工事を始めてしまった。

ドコモの態度は本当に酷《ひど》かったんです。先のことはわからないとか、（健康被害の）疑いがあったって、基地局をどんどん建ててケータイを普及させんかったら進歩がないとか、もしもWHO（世界保健機関）が基地局建設について何か勧告を出してくるようなことになれば、規制値を変えてしまえばいいだけのことだとか、どこまでも無責任でした。電磁波過敏症の人がいくら悲惨な状況を訴えても、『健康被害などありえない』と繰り返すだけの総務省に比べたら、正直と言えば正直なのでしょうが。自治会の人にも、あんたたちは全体のごく一部やろ、なんてよく言われました。利便性ほど大事なものはないという考えなのですね。

少々の人間はどうなってもいいということですかと返すと、その時は黙るのよ。でも、すぐに同じ言い方を始める。四十年も住んできた家ですが、最初のうちはもう引っ越してしまおうとも考えていたんですけど、あの人らに腹が立ってね。このまま引き下がったら女がすたると思ったんです」

ビルの屋上に林立するアンテナに電磁波が集められる

またしても最低最悪の、はなから文明の利器など扱う資格など持ち合わせてもいない連中の跳梁《ちょうりょう》跋扈《ばっこ》でした。その場所に基地局が建たないとケータイの電波が届かなくなるということでさえなくて、「ドコモさんに言わせると、どうも高度なサービスが少し受けにくくなるかもしれないらしいよ」程度の話でしかなかったというのに、です。

　近年のスーパー健康志向も、ケータイにだけは通用しません。官民一体で喫煙者の撲滅運動が広がり、またテレビで納豆が体によいと言われると納豆がたちまち売り切れる時代に、ケータイによる健康被害は逆に官民挙げて覆《おお》い隠されています。他人のタバコの煙にはやたら厳しい人たちが、自分のケータイや基地局の被害にはまるっきり無頓着だというのは滑稽《こっけい》だと思います。

圧倒的なデータ通信量を誇るスマホの流行で、より強力な電磁波を放出する基地局の需要が急拡大しています。この問題は今後、よほど注目され、善処方が模索されていかなければならないでしょう。

ただ、基地局建設の反対運動をしている市民グループのシンポジウムにパネリストとして招かれた時の経験では、運動側の中にも「全知全能な自分」を感じてしまっているらしい人々が見受けられました。独善にだけは陥らないようにしないと、正当な議論が受け入れられる可能性がさらに狭まります。電磁波の問題に対する議論がなかなか広がっていかないのは、必ずしもマスコミがスポンサーにおもねっているせいばかりでもないのかな、と思わされた次第です。

ともあれ私の場合は、電磁波問題の真相は今なお不明であるにせよ、ただでさえボロボロの体を、この上がんに冒される可能性のある機械を使ってやらなければならない義理などありません。たかが利便性ごときのために見知らぬ他人の健康を踏みにじったり、その人たちに醜い本性を剝き出しにした手合いとの対決を強《し》いるなどというのも趣味ではありません。自分が使う電力の電源は選べないので、エアコンで涼みながら脱原発を叫ぶのはまったく問題ないと考える私ですが、ケータイの場合は基地局が撒き散らす電磁波の責任を免れる方法がちゃんとあります。

それは持たないことです。その意味でも私はケータイを持ちません。なお川西市の反対運動の代表を務めていた女性は、この点をしっかり実践されていました。

文章の構成も変わったのだ、という指摘

私もコラムを連載している夕刊紙「日刊ゲンダイ」に、興味深いエピソードが載っていました。ニュースではなく、ちょっとした読み物の欄なのですが、近頃の管理職は若手社員の言葉遣いに悩まされている、というのです。

それによれば、ある課長が部下から送られてきたメールに目を丸くしました。

「課長、それワロタ、ｋｗｓｋ！」

ｋｗｓｋというのはネット掲示板やツイッターでよく使われる用語で、「詳しく教えて」の意なのだとか。メールの前に二人が交《か》わしたやり取りの詳細は不明ですが、とにかく課長が伝えた話を部下が面白がったようです。それにしても、これでは上司もへったくれもありません。

この若手社員は日頃からこんな調子なのだとか。課長は嘆《なげ》いているそうです。「とても客先には出せません。本人は謙遜しているつもりでしょうが、〈私は非モテ（モテない）なもんで〉とか言うし、サッカー好きな顧客に、〈なでしこの試合、マジで胸熱（胸が熱くなる）でしたね〉なんて言うヤツを誰が信用するかって話ですよ」（二〇一二年八月十六日付「ネット依存の若手社員の皆さん／頼むから接待で〝2ちゃん用語〟はやめてくれ！」より）

あくまでも読み物ですから、十分に裏づけを取った調査報道だったとは限りません。記者がちょっと聞きかじった話に尾びれ背びれをつけただけかもしれない。とはいえ、この種のバカ話は、私もしばしば同世代の管理職や教職員の方々から耳にするところではあります。

ネット社会、ケータイ社会における言葉の劣化や幼児化はかねて憂慮されてきた傾向です。因果関係は今さら証明するまでもないでしょう。

いわゆるネット右翼の、在日韓国・朝鮮人たちに対する悪《あ》しざまの罵倒も好例です。ある特定の集団を常に差別していないと自己肯定感《セルフ・エスティーム》を持てない人々の心性や生態に、ケータイはピタリとハマりました。匿名で、第三者のチェックを受ける必要もない。短く単純な、短絡的な言葉によってであればあるほど仲間内で讃《たた》えられる……。

言葉遣いというより、文章の構成そのものも大きく変化してきているという指摘もあります。「週刊SPA!」のニュースサイトで見つけました。

それによると、日本語の文章の基本とされる「起承転結」は、すでに時代遅れなのだといいます。ネットが一般化して、いつでもどこでも情報が入手できる現代社会において、まだるっこしい論理展開はふさわしくない、結論をすぐ知ることに慣れているビジネスマンには、あってもなくてもいい「転」を省いた「起承結」こそ適切な論理サイクルなのだ、と。

記事には社会行動分析家という肩書きの人物のコメントが添えられていました。

「ブログやSNSなどで目にする、よくできた読みやすい投稿は、ほとんどが起承結、または結論→理由という構図です。スピード感が要求される現在、起承転結の文章はむしろ特殊な存在となりつつあるのです。文を書くことに苦手意識がある方は、ツイッターのような短文からトレーニングしてみるのもいいかもしれません」(「日刊SPA!」二〇一二年六月六日付「起承転結は古い！　ネット時代の文章術とは？」より)

そうかなあ……。文章の構成は、すなわち思考のプロセスとか整理でもあります。「転」が無駄だというのは、どう考えても納得がいきません。

私もいちおうは文章のプロのはしくれですけど、のべつ起承転結を意識しているわけではありません。文章など好きに書いたらそれでいいのと違うかとは思うのですが、ここまでキッパリ言い切られてしまうと不安です。

それこそスピードが優先されるビジネスの分野でだって、たとえば新しい企画に予想される問題点や悪影響をしっかり検討し、その対策を示しておく部分が必要じゃないですか。これは「転」です。それとも今時のビジネスにはブレーキなど必要ない、ということなのでしょうか。

だとすると、それはそれで辻褄《つじつま》が合ってきます。詐欺《さぎ》まがいの商法や、反社会的な不祥事を繰り返しても、まともな補償もしなければ、トップが引責辞任することもない近頃の大企業の風土は、こんなところからも醸成されているのかもしれません。

あまり話を広げすぎるのはよしましょう。いずれにせよ、「2ちゃん用語」の一般社会への侵食も、「起承結」の横行も、笑い事では済まない気がします。

今こそ思い出す、ジョージ・オーウェル『1984年』

言葉の劣化とか幼児化という議論に出会うたび、私がつい連想してしまうのは、英国の作家ジョージ・オーウェルの『1984年』の重要なモチーフだった「ニュースピーク」です。『1984年』は東西冷戦の緊張が高まっていた一九四九年に発表された近未来ディストピア小説の傑作です。核戦争を経て三つの超大国によって分割統治されている世界のうち、ハイテクを駆使したウルトラ管理社会を実現させた「オセアニア」国が舞台です。

「オセアニア」の国民は全知全能の支配者〈ビッグ・ブラザー〉に支配されていました。言論や表現の自由などというものは存在せず、国民は絶えず「テレスクリーン」という双方向テレビによって監視され、行動を指示されるのです。作品に込められた警鐘は書かれて六十年以上が経った現在、ますますリアリティをもって迫ってくるし、そういうことを抜きにしてもものすごく面白い小説ですから、ぜひ読んでみてください。

物語の中身には触れません。ここでは「ニュースピーク」についてのみ綴《つづ》ります。そう、「ニュースピーク」こそはビッグ・ブラザーによる支配の鍵でした。英語を簡素化した「オセアニア」の公用語です。オーウェルは作品の付録として「ニュースピークの諸原理」と題する解説をつけていますので、その本質に関わる部分を引いてみましょう。

〈ニュースピークの目的は、イングソック（引用者注・Ingsoc = England Socialism、イングランド社会主義のこと）の熱狂的な支持者に固有な世界観や精神的慣習に対して一定の表現手段を与えるばかりでなく、イングソック以外のあらゆる思考方法を不可能にするということであった。その意図するところは、ニュースピークが最終的な言語として採用され、オールドスピークが忘れ去られてしまった時こそ、異端の思想――即ちイングソックの諸原則から逸脱する思想は、それが少なくとも文字に依存する限り、言語活動として成立させないということであった。(中略)

この事は或る程度まで新しい用語を造り出すことによって達成されたが、しかし主として好ましくない単語を除去することによって、また留用語の持つ正統的で無い意味や、その二次的なあらゆる意味をなるべく剝奪することによって、それは達成されたのであった。一例だけ挙げてみよう。Free《フリー》という単語は、依然としてニュースピークの中に留用されていたが、それは例えば「この犬はシラミから自由《フリー》である」とか「この畑は雑草から自由《フリー》である」とかいったような使用法だけが許された。古い意味での〝政治的に自由〟とか〝知的に自由〟といったような使用法は許されなかった。なぜなら政治的自由、知的自由はもはや概念としてさえ存在しなかったし、従ってそのような用法は不必要だったからである〉

〈そのほか名誉《オナー》とか正義《ジャスティス》、道徳《モラリティ》、国際主義《インターナショナリズム》、民主主義《デモクラシー》、科学《サイエンス》、宗教《レリジョン》とかいった多数の用語があっさり姿を消して行った。ただ幾つかの包括的な言葉がそれらの代用語となり、また代用語となることによってそれらの言葉を抹殺して行った。例えば自由や平等という概念を中心に蝟集《いしゅう》していた用語は犯罪思想《クライムシンク》という一語に含まれてしまい、また客観性や合理主義という概念を中心に蝟集していた用語は旧思想《オールドシンク》という一語に含まれてしまった〉

〈一九八四年にあっては、オールドスピークがまだ意志伝達の正常な手段であったから（引用者注・ニュースピークはまだ過渡期だった）、ニュースピークを用いるに当たって言葉の古い意味を思い出す恐れがあるという理論的な危険性は存在した。現実には二重思考（引用者注・一人の人間が矛盾した二つの信念を同時に受け入れること）に熟達している人間なら、誰でもこの危険性は回避できたのであった。もっとも、数世代たてば、そのような過失を犯す可能性は完全に消滅することになっていた。ニュースピークを唯一の言語として育った者は、平等という一語に〝政治的平等〟という二次的な意味もあったこと、或はfreeがかつて〝知的に自由〟を意味したということも知らなくなる筈であった。例えばチェスの存在さえ知らない者が〝女王《クイーン》〟とか〝城将《ルック》〟の二次的な意味（クイーン、ルック共にチェスの駒名）を知らないのと同じようなものだ。さらに当人が犯そうにも犯し得ない犯罪や過失も多くあったに違いなかった。というのは、そうした犯罪や過失に特定の名称がなかったし、従って全く考えられないことだったからである〉（新庄哲夫《しんじようてつお》訳、ハヤカワ文庫、一九七二年）

現代の日本はイングソックならぬジャパソックではなく、社会主義や共産主義とは対極にあるとされる新自由主義なので、ケータイ言葉とニュースピークを同列に扱うのはおかしいと思われるでしょうか。そんなことはない、と私は考えます。

新自由主義も社会主義も、しょせんは支配・被支配の方法論の違いにすぎません。異端の思想を排除する情熱にかけては、本質的な差などありはしない。異なる部分があるとすれば、イングソックでは政府の主導でニュースピークが開発され、人々はその使用を強権的に求められるのに対して、現代日本のケータイ用語は草の根から産み出されたものであり、自発的に用いられているという点でしょうか。

決定的な差じゃないか、ですって？　いいえ、それはあくまで形の上だけのこと。何度も繰り返して恐縮ですが、この国では国民にケータイの携帯が義務付けられているのと変わらないのですから、ケータイ用語はニュースピークより巧妙に、洗練された形で人間を変えていくのではないかと、私は予想しています。

ですから私は、あえてケータイの携帯義務を拒否します。ケータイを持たぬ者は人に非ずの世の中で、とてつもない不便を強いられるペナルティは実に苛酷ですが、それでもいいのです。自分がニュースピークのような言葉に浸《つ》かり、その世界になじまない考え方ができなくなるかもしれないだなんて耐えられません。

「新しい公共」の概念とは何か

監視とか言語とか、こうして思いつくままに論じていくと、図らずもそれらの背後に横たわっている重大な命題に気づいて愕然《がくぜん》とさせられます。それは「公共性」という大テーマですが、本書が扱う領域では、ケータイの事実上の携帯義務をどう捉《とら》えるか、という設問にもなっていきます。

「新しい公共」という概念をご存知でしょうか。一般にはあまり目立っていませんが、自民党政権の時代から、折に触れて強調されてきた国策的な思想運動です。二〇〇九年の総選挙で民主党が政権を握った直後にも、「『新しい公共』円卓会議」（座長＝金子郁容《かねこいくよう》・慶應義塾大学大学院教授）という有識者会議が発足し、翌二〇一〇年六月、「『新しい公共』宣言」なるものが打ち出されました。

〈「新しい公共」が作り出す社会は「支え合いと活気がある社会」である。すべての人に居場所と出番があり、みなが人に役立つ歓《よろこ》びを大切にする社会であるとともに、その中から、さまざまな新しいサービス市場が興り、活発な経済活動が展開され、その果実が社会に適正に戻ってくる事で、人々の生活が潤うという、よい循環の中で発展する社会である。（中略）

日本には、古くから、結《ゆい》、講《こう》、座《ざ》など、さまざまな形で「支え合いと活気のある社会」を作るための知恵と社会技術があった。「公共」は「官」だけが担《にな》うものではなかった。各地に藩校が置かれていた一方で、全国に一万五千校あったといわれる寺子屋という、当時としては、世界でももっとも進んだ民の教育システムがあったなど、多様な主体がそれぞれの役割を果たし、協働して「公共」を支え、いい社会を作ってきた。政治《まつりごと》と祭が一体となって町や村の賑わいが生まれた。茶の湯のような文化活動から経済が発生してきた。

しかし、明治以降の近代国民国家の形成過程で「公共」＝「官」という意識が強まり、中央政府に決定権や財源などの資源が集中した。近代化や高度成長の時期にそれ相応の役割を果たした「官」であるが、いつしか、本来の公共の心意気を失い、地域は、ややもすると自らが公共の主体であるという当事者意識を失いがちだ。社会とのつながりが薄れ、その一方で、グローバリゼーションの進展にともなって、学力も人生の成功もすべてその人次第、自己責任だとみなす風潮が蔓延しつつある。一人ひとりが孤立し、国民も自分のこと、身近なことを中心に考え、社会全体に対しての役割を果たすという気概が希薄になってきている。日本では「公共」が地域の中、民の中にあったことを思い出し、それぞれが当事者として、自立心をもってすべきことをしつつ、周りの人々と協働することで絆を作り直すという機運を高めたい〉

同じような概念を、自民党政権は「新しい公」と呼んでいました。当時の有識者会議「『21世紀日本の構想』懇談会」(座長=故・河合隼雄《かわいはやお》・京都大学名誉教授)で、「豊かさと活力」をテーマにした第二分科会が、以下のような報告をしています。

〈ところで、「公」とは、公益(public interest)や公共性(publicness)であり、その実現装置として設計されている「官」だけでなく、個人や団体といった「民」でもその志と準備と能力があれば担うことができる。しかしこれまで日本では、「官」は権力側、「民」は被権力側で棲み分け、「公」は「官」により独占される傾向が続いてきた。「民」にはお上《かみ》意識や「官」への依存心があり、長らく官尊民卑を受け入れてきた。しかし、いまや「官」と「民」とが協力するとともに、切磋琢磨しながら、「公」を支えていくべき時代となった。その際、「民」は「官」のお墨付きを得てそうするのではなく、自由な参加の条件を享受すべきである。こうした形で伝統的な「官」と「民」の棲み分け構造から脱却し、「民」が「公」を担い得るものとして明確に位置づけるとともに、「公」を担うことを誇りとする土壌を作り出すことが必要である〉

危険な方向に民意を誘動していく「新しい公共」

私はこうした論旨を読んだり聞いたりするにつけ、出張先のホテルの部屋から外線電話をかけることができず、公衆電話を探して何時間も街をさまよい歩いた、あの屈辱を思い出してしまいます。……などと言っても唐突すぎて意味不明としか受け止めてもらえないでしょうから、少し理屈をこねますと、こういうことです。

「新しい公」や「新しい公共」が具体的な政策に反映されたわかりやすい事例に、司法における「裁判員制度」と、財政分野での「事業仕分け」があります。いずれも市民参加の意義はこれでもかというほど伝えられていますが、参加した市民が国家の価値観に引きずられていく、もっと言えば取り込まれているのではないかという疑問が語られる機会は、まずありません。

どうしてそんなふうに考えるのかというと、現時点までの裁判員や仕分けの実態もさることながら（関心のある読者は拙著『民意のつくられかた』や『いま、立ち上がる』をご参照ください）、それなりに長く続けてきた私の取材経験です。「新しい公」を訴えたがる保守系の政治家や評論家はしばしば、「徴兵制」への憧《あこが》れを口にしていました。民主党が一般に期待されていたようなリベラル派の集団でも何でもない現実は、もはや火を見るよりも明らかです。

そして自民、民主を問わず、この間、一連の構造改革や憲法〝改正〟問題を批判的に取材する私に対して、政治家たちは返してきたものでした。

「どうしてあなたは、そうやって国家と国民とを対立関係でだけ捉《とら》えたがるのかなあ。まだ若いのに、頭の中が五五年体制のままでおられるようだ」

——対立関係でばかり捉えてなどいません。国家と国民の利害は一致することもあるが、一致しないこともある。たとえば公害がそうでした。高度経済成長の恩恵を国民は享受したけれど、水俣病やイタイイタイ病の被害に遭《あ》った人はどうなりましたか。

「公害など、もう昔の話です。東西冷戦も終わり、現在は国家と国民の利害は常に一致している」

――ちょっと待ってください。五五年体制のままの発想でいいとは思いませんが、だからって国家と国民はいつも一体だなんて議論は乱暴すぎますよ。

などというやり取りを何度もしました。公害のような利害関係が昔の話などではまったくないのは、バブル時代の地上げ屋の暗躍でも、沖縄の基地問題でも、もちろん福島第一原発の事故でも、わかりきったことではありませんか。そんな経験から、私には「新しい公」とか「新しい公共」などといった、聞こえのよすぎる概念を、額面通りにはとうてい、受け入れることができないのです。

民主党政権の有識者会議は、新自由主義の時代における「自己責任」原則万能の風潮への対抗軸としての「新しい公共」を謳いましたが、ならばなぜ、何よりも先に「自己責任」原則だけによらない政治を模索しようともしないのでしょうか。大本を改める気がないどころか、むしろその路線をさらに推進しようとしているにもかかわらず、対立軸らしきものだけ求めるポーズというのは、対抗軸と見せかけて、その実、「自己責任」原則の補完機能を確立したいだけなのではないでしょうか。

現代を批判するのにやたら近代以前の日本社会を持ち上げるのもうさんくさいです。「自己責任」万能の新自由主義が階層間格差のとめどない拡大をもたらした現実に照らして、かつての封建的な身分社会を復活させたいのかと考えるのは、うがちすぎた見方でしょうか。

そこで、ケータイです。私は第一章で、通信インフラの端末が個人のケータイに委ねられた、ということは、われわれは事実上のケータイの携帯義務を負わされてしまったのだ、と書きました。

これはあくまでも物理的な現実についての観察でしたが、事態がそれだけで終わっていないのは、すでに明白です。第四章でしつこく論じたケータイCRMは、ジョージ・オーウェル『1984年』のテレスクリーンと、どこがどう違うのでしょうか。運営する主体が全知全能のビッグ・ブラザーか、全知全能のマーケッターかという違いだけではありませんか。しかも「新しい公共」の下では官民一体が原理原則なのですから、両者を分けて論じることは、もはやほとんど意味を持たないように思います。

東日本大震災を契機に、防災ネットワーク・システムの構築がずいぶん議論されています。具体的に何をどうすれば犠牲者を極少化できるのか、私にはよくわからないのですが、おそらくはケータイが有効な防災ツールとしても活用されていくイメージなのでしょう。

そのような時、仮に日本国民一億二千万人のうちにケータイを持っていない人間が一人でもいると、ネットワークの全体にとって迷惑をかける可能性が生じるとします。コストが○・○○○○○○○○○一円ほどハネ上がってしまうとか、その人が行方不明になった場合、GPSがないから捜索が面倒くさいとか。

だとしても私は、それを理由にケータイを持たなければならないとは考えません。そんなことを言い出したら、人間は絶えず政府か資本か、ともあれ全体を仕切っている存在にとって都合よく行動する以外の生き方が許されないということにされかねないし、これぐらいの迷惑はかけてもよい程度の社会貢献は十分に果たしているつもりなので――。

「翼」も自由も、自分で獲得するもののはず……

私は考えすぎているのでしょうか。ケータイのポジティブな特性を軽視してはいないかとのお叱りも受けそうです。

軽視はけっしてしていないつもりです。たとえば総理官邸前での脱原発デモに、あれだけの人々を動員できるパワーには、舌を巻かざるをえません。軽視どころか脱帽しています。ただ、ケータイの有用性は大いに認めるとしても、自分が持つか持たないかは、どこまでも自分自身の価値観に従いたいのです。

またもや唐突ですが、変なことを思い出しました。私はいわゆるひとつの戦後民主義の、日教組全盛の頃に少年時代を過ごしたせいか、甘ったるい反戦フォークソングが大好きで、カラオケでもド演歌か艶歌か、『エイトマン』以外ではそんなのばっかり歌うのですが、反戦フォークの延長線上にあるようでいて、すごく人気も高いのに、どうしても好きになれない曲があります。「赤い鳥」というフォークグループの一九七一年のヒット曲「翼をください」です。

♪今　私の願いごとが
叶うならば　翼がほしい
この背中に　鳥のように
白い翼つけて下さい

この大空に　翼を広げ
飛んで行きたいよ
悲しみのない　自由な空へ
翼はためかせ　行きたい

「赤い鳥」さんにも、作詞の山上路夫《やまがみみちお》さんにも申し訳ないとは思います。でも私は、つい考えてしまうのです。白い翼を「つけて下さい」なんて言ってしまったら、もうそれだけでダメではないのか、と。

翼は与えられるものではない。少なくとも本物の戦場にはされていなかった一九七一年当時や現代の日本であれば。あるいはまた、歌の主人公が不治の病の床にあるとかの事情でもない限り、です。３・11東日本大震災や福島第一原発事故の被災者、親の虐待を受けている子どもたちも別の文脈で語られなければならないのも当然の話です。

多少のカネと引き換えに与えてもらえる翼が、何か巨大なものにリモートコントロールされない保証はありません。翼も自由も自分で獲得するものだと思います。

もう一つだけ余談を聞いてください。例のＩＣカード内蔵ケータイ「ＦｅｌｉＣａ」は、英語のFelicityとCardの合成語なのですが、Felicityの意味って、知ってました？　「至福」です。ケータイとは関係ないけれど、二〇一〇年九月に打ち上げられたＪＡＸＡ（宇宙航空研究開発機構）の準天頂衛星初号機は「みちびき」。

私たちは四方八方から、お前たちはちっぽけな存在なんだ、もう何も考えるな、そうすることが幸せなんだよと教え込まれているような気がしてならないのです。

最終章　休ケータイ日のすすめ

津田大介《つだだいすけ》さんとの対話

ケータイを批判するための本じゃないですよとは言ったものの、書き進めていくうちに、やっぱりそのような中身になってしまった気がしないでもありません。そこで、私のような考え方が時代遅れとの誹《そし》りを受けるのは仕方がないけど、本質的にはどうなのか。妥当性のカケラもないのか、少しぐらいはなくもないのかを知りたくて、〝ネット・ジャーナリズム界の寵児《ちようじ》〟と呼ばれる人との対話を試みることにしました。

津田大介さんです。

津田さんは一九七三年生まれ。この分野にまるで疎《うと》い私には、彼のどこがどう凄《すご》いのかをうまく説明することができないのですが、ネットの世界では圧倒的な実力と人気を誇っているメディア・アクティビストです。ソーシャルメディアの第一人者で、ツイッターのフォロワー数がなんと二十二万人！

関西大学の特任教授で早稲田大学大学院の非常勤講師。一般社団法人「インターネットユーザー協会」（ＭＩＡＵ）代表理事。『Twitter 社会論——新たなリアルタイ

ネット・ジャーナリズムの寵児・津田大介氏の見解は……

ム・ウェブの潮流』（洋泉社）、『動員の革命――ソーシャルメディアは何を変えたのか』（中公新書ラクレ）など多くの著書がある一方で、3・11後の被災地を精力的に取材し、はたまたライブイベント「SHARE FUKUSHIMA」を開催して……と、なるほど既存のジャーナリズムの枠組みを超えた、多彩かつ旺盛な活動ぶりには、舌を巻くほかありません。

二〇一二年八月のある日、私は津田さんにお会いして、楽しいひと時を過ごしました。彼にまずは私が以前に書いた、ケータイを持たないことについてのコラムを読んでもらい、本書に書いてきたような話を補足して、感想を聞くことから始めます。

斎藤　というわけで、私がケータイを嫌いな理由っていうのは、だいたいこんなところなんだけど。できればね、あんたは間違ってる、こうこうこういうふうに考えるのが正しいんだよって、説得してもらいたい気持ちもあるわけです。どう思いますか？

津田　ケータイは監視社会の最終ツールになるという斎藤さんの指摘は、たしかにそういう部分があると思います。ＧＰＳを従業員の労務管理に使ってる企業も珍しくないですし。

大手のある精密機械メーカーなんか、車で動いてる営業マンが、訪問先でもない場所に十五分以上止まっていると、管理部門に通報が届く仕組みになっているそうです。で、会社に戻ると詳しい報告を求められるのだとか。

疲れて仮眠を取るのもダメなんですね。その会社に勤めてる知人から、一、二年前に聞いた話ですけど、ウワッと思いました。営業マンの管理は、もう車にＧＰＳを搭載したシステムまで売られているようですから、必ずしもケータイの問題でもなくなってるのかもしれませんが。

この手の監視の問題は、スマホになるともっと厄介《やっかい》です。今やネットはスマホが普通。アプリの会社の中にはユーザーの個人情報を横流ししたり、お金になればどんなメチャクチャも平気でやるところがありますからね。

斎藤　じゃあ、私の言ってることは見当違いばかりでもない？

津田　もちろん。その通りだよなあと思うところが、いくつもありました。われわれは間違いなく利便性と引き換えにさまざまな情報を企業に売り渡している。

かといって、一度獲得した便利な生活から戻ることもできない。だから僕は、いちばん大事なのは、知識を得た上で個人が自分自身で選択できる環境だと思うんです。特にスマホと個人情報の関係ですが、リスクがあることをユーザーにしっかり知ってもらい、「それはわかったけど、でも俺は便利だから使うよ」というのであればいい。知らずに使って悪用されるというのが最悪なのに、日本は規制が緩《ゆる》いから、企業のやりたい放題になっている。

斎藤　専門家の目からもそう見えるんだ。しかし、いわゆる構造改革の過程では、日本は規制が厳しすぎるから経済が活性化しないんだという主張がずいぶんと幅を利《き》かせていたんじゃなかったっけ。

津田　プライバシーの領域には、そもそも日本には明確に担当する官庁がないんです。ＧＰＳとかグーグルのストリートビューみたいな問題だと、電波がらみだからって総務省が扱っていますけど。本来は消費者庁あたりに独立した権限をもった専門的な機関を設けなければと僕は思うんですが、そういう動きは遅々として進んでいません。

日本では、官による裁量行政が強いということと関連するのですが、企業活動の手法に関わる規制がものすごく甘いんですよ。海外では当たり前に規制されているものも野放しになっている。ステマ（ステルス・マーケティング）なんかが典型ですね。担当の役所がある場合も、なにしろ推進官庁と規制官庁が同じですから、企業側の自主規制を尊重するタテマエで、実態は天下りの温床にされているだけだったり。要は原子力ムラと同じ構造が、この国にはそこいらじゅうに広がってるってことですよ。

斎藤　私がケータイを嫌いなのは、ケータイそのものというより、あれで儲けてる電気通信事業者のやり方が許せないというのもあるんだよね。ＮＴＴとか。

津田　たしかに、ブラック企業と共犯関係みたいなところはありますよね。二〇〇三年にａｕがケータイでパケット定額制のサービスを始めるまでは、迷惑メールの規制どころか、対策さえ取られていなかった。定額じゃなければ、迷惑メールだろうがじゃんじゃん流れたほうが儲かるからですよ。役所も同じ穴のムジナですけど。

斎藤　利便性の裏にはいろいろあるんだね。

津田　結局、タダより高いものはないんです。でもね、新しいツールが現われると、何でも拒否反応を示す人にも困りものかな、とは思ってるんです。テクノフォビアなんて言い方もある。斎藤さんみたいな人というと失礼かもしれませんが……(笑)。

ケータイが急速に普及したのは、僕が大学生の頃でした。それが言わば原体験になって現在に至っているわけですが、あの当時も「俺は主義として持たねえ」なんて人がけっこういましたよね。そう言いたがる人ほど、あっさり転向しちゃったりするんですけど。

本当はそういう、新しいツールの出始めの時期に、しっかりした議論が行なわれていなければならなかったのにと思います。それがいまだに放っておかれたまま、ツイッターがブームになったらなったで、またしても似たような「よい・悪い」論。そんなことやってる暇があったら、もっと現実に起きていることと、今後必然的に変わる社会変化を見据えて、われわれはどういう社会を目指したいのか、議論したほうがいい。なんだかデ・ジャヴ感があるなあと思ったら、ケータイの初期と同じだな、って。


人を集める力があるツイッターは、一方では人を傷つける道具にもなってしまいがちです。ではどうしたらよいのかという議論が相変わらずまともに交《か》わされないのは、残念だけど、日本人の公共意識が乏《とぼ》しいせいなんじゃないかと思います。

実際、ネットメディアというのはパブリックとプライベートの境目が曖昧《あいまい》である点に特徴があり、それこそがメリットでもデメリットでもあるわけです。

だから、新しい情報社会におけるパブリックの定義を今度こそしっかり議論して、構築しておく必要があるんです。メリットを享受しつつ、デメリットの対策を考える。そのためには適切な規制も必要になる。それを考える意味でも、斎藤さんがある種の「頑固親父」としてされている指摘は非常に重要ですよ。

斎藤　かなり説得されかけてるように思えてきた（笑）。津田さんが目指しているような方向に向かっていって、私もこんなにケータイを毛嫌いしなくて済む時代が早く来てくれるといいよね。

ただ津田さん、あなたが『動員の革命』で書いている、「ソーシャルメディアがリアル（現実の空間・場所）を『拡張』したことで、かつてないような勢いで人を『動員』できるようになった」という表現、これは首相官邸前の脱原発デモやチュニジアのジャスミン革命を可能にしたツイッターのパワーを指しているわけで、非常にポジティブな評価をされているようだけど、少し疑問がある。それらはたまたま私たちと同じか、近い価値観に人々が動員されたからよかったものの、反対の価値観へ、たとえば戦争に動員される場合だってあるわけです。ツイッターやケータイ自体に思想があるわけじゃないから。

人間を動員できるという機能に、われわれはもっと懐疑的であるべきだとも思うんだが、どうですか。

津田　そうですね。それも重要な指摘だと思います。ソーシャルメディアでとにかく人を集めることができるのはわかった。だけど、これからはそうやって集めた人をいかに社会に接続できるのかが課題になってくる。これは僕にとっては今一番大きな問題意識です。集めた人たちが排外主義的な行動に出たり、差別だとか、ネガティブな使われ方も大いにありえるし、現実にそうした動きは起きていますから。

でも〝動員のメディア〟は、ナチスとは違います。ネットの美点は常にツッコミが入るところにあるから。

ニコニコ動画だって、見ている人がしきりにツッコミを入れてるじゃないですか。適当な取材しかしないマスコミがすべての情報をコントロールするほうがよっぽど怖い。ネットは情報を流す側が流れる情報を完全にコントロールできないんです。絶えず第三者の検証にさらされている。あまり過激な中身であれば、必ずカウンターパンチが入ります。フォロワーの共感を得られているのかどうかが可視化されるのもよい点で、そうしているうち、最終的には落ち着くべきところに落ち着く。そこらへんが僕がインターネットが好きなところだし、可能性を見出しているところです。

斎藤　なるほどね。いやいや、だいぶ理解できるようになりました。ケータイやネットやツイッターの未来を信じたいと思います。

でもそれでも、たぶん私は死ぬまで持たないと思うんだけど、それでもいいかなあ。いいんだよね？　世の中は広いんだから、一人ぐらいはこんな奴がいても。

津田　そりゃそうですよ。どうしても嫌だという人も尊重されなければならないのは当然です。ただまあ斎藤さんの場合、もう少しは頑《かたく》なさを捨てていただけると、いいかなーとは思いますけど（笑）。だって、僕、斎藤さんがツイッターで何か情報発信するの、見たいですもん。

斎藤　アハハ、今日は本当にどうもありがとう。心から感謝します。

初対面のわりには打ち解けた、というか、なんだか私が津田さんに対して偉そうな感じを受けた読者が少なくないかもしれません。というのにも理由があって、実は津田さんと私は、東京の板橋区にある、北園《きたぞの》高校という都立高校の同窓生なのです。そのことを風の便りに聞いていたものだから、私は有名人の後輩に甘えて、考えようによっては無礼千万とも言える対話をお願いしました。

そうでなかったら、「私がケータイを持たない理由」が妥当かどうかなどという愚問に応えてもらおうなんて、初めから考えもしなかったに違いありません。あっそうか、津田クンが妙に優しかったのは、ダメな先輩を無理やり立ててくれていたということなのかもしれません。いい男です。

ちなみに、私の嫌いな「2ちゃんねる」を開設したひろゆき（西村博之《にしむらひろゆき》）さんも、北園の同窓生だそうです。過日、東京都立高校改革の一環で、あまり偏差値が高くないので日比谷高校のようには「進学指導重点校」になれなかった北園は、「IT推進校」に位置づけられました。私は石原慎太郎都知事が主導した高校改革自体に異論があるのですが、それはそれ、縁は異《い》なもの味なもの。同じ学校でもいろんな育ち方ができるから、だから世の中は面白いんだと思うのです。

働く人間のほとんどは、ＩＴ中毒状態なのだ

自分だけの思い込みに相当の屁理屈をちりばめて本書を綴ってきました。繰り返しますが、ケータイを持たないのは私のオキテであって、他人様《ひとさま》に押しつける気は毛頭ありません。

とはいうものの、なんだか近頃は、あちこちの職場から、「クズメールの処理で午前中が終わってしまう」とか、「いつも誰かに追いかけられているようで落ち着かない」などといったボヤキがたくさん聞こえてきます。オフィスに置いてあるデスクトップのパソコンを相手にするだけでも大変なのに、ＣＲＭやら何やらでケータイに送られてくるクズメールまでチェックしなければならないとなると、ほとんど地獄の苦行ではないかとお察《さっ》しいたします。

世界中のあまりの多忙化に、あのグーグルのＣＥＯ（最高経営責任者）だった、エリック・シュミットさんまでが、「コンピュータの電源を切りましょう」と呼びかけたというではありませんか。「携帯電話の電源も切って、周囲にあふれる人間らしさを発見したいものです。孫が初めて歩けるようになったときに手を引いてやること

は、これ以上ないほどの至福です」と。

二〇〇九年春、アメリカ・ペンシルベニア大学の卒業式でのスピーチでした。聞けばこの問題発言は地元のアメリカでもマスメディアを賑わせたのは一日だけで、すぐに忘れられてしまったそうですし、いわんや日本ではまともに報じられてさえいませんが、なにしろグーグルと言えば、「世界の情報を整理する」のを企業理念とし、例の「グーグル様」の異名さえ奉《たてまつ》られている、およそ不気味きわまりないグローバル・ビジネスです。そこの最高経営責任者がここまで言い切った、あるいは近い将来の悲劇を予見して、あらかじめエクスキューズを用意しておかざるをえなかったのかもしれないことの意味を、あまり軽んじるべきではないでしょう。

シュミット発言に励まされたのかどうか、アメリカではその後、ネット漬けになりすぎた世の中に対する警告的な書物が次々に刊行されています。邦訳があり、私が読んだものだけでも、ウィリアム・H・ダビドウ著、酒井泰介《さかいたいすけ》訳『つながりすぎた世界――インターネットが広げる「思考感染」にどう立ち向かうか』(ダイヤモンド社)、シヴァ・ヴァイディアナサン著、久保儀明《くぼよしあき》訳『グーグル化の見えざる代償』(インプレスジャパン)、ウィリアム・パワーズ著、有賀裕子《ありがゆうこ》訳『つながらない生活——「ネット世間」との距離のとり方』(プレジデント社) などが挙げられます。なお先のシユミット発言は、パワーズさんの著書から孫引きさせていただきました。

日本でも私は、『「IT断食」のすすめ』(日本経済新聞出版社、二〇一一年) というのを発見しました。早稲田大学ビジネススクール教授の遠藤功《えんどういさお》さんと、大企業向けのナレッジマネジメントや情報共有、コミュニケーション促進などを目的とするパッケージソフト製品の企画・開発・販売会社——ということはまさにIT企業中のIT企業、「ドリーム・アーツ」社長の山本孝昭《やまもとたかあき》さんの共著ですが、従来の〝ネットは神様〟的な発想からすると、結構すごいことが書かれています。

要は現代の企業とそこで働く人間のほとんどはIT中毒状態に陥っている、として、〈ITによって得られるメリットとデメリットが一部で逆転してきた〉、〈(ITの) 副作用や過度な依存による中毒、場合によっては生命すら脅かす被害についても考える必要が、必ずと言ってよいほど出てくる〉、〈ICF (引用者注・Information and Communication Flood = 情報とコミュニケーションの洪水) は、アイデアを練り上げるためにじっくり考えたり、分析したり、人と対話したり、実際に現場に行ったりという、質の高いアナログの時間を確実に奪っているのだ〉。生産性の向上を図って導入したはずのＩＴが、今やかえって生産性を奪う主因になってしまっているというのです。

彼らの危機感は本物です。山本さんの場合、ついには自社の会議でもデジタル機器の持ち込みを禁じる「トップレス・ミーティング」を始めたとか。「トップレス」の「トップ」は「ラップトップ」の「トップ」。上半身ハダカの意味ではありません。ＩＴの本場シリコンバレーを発祥の地とし、今や欧米の企業や官庁、大学などでは珍しくもなくなった脱・ＩＴ依存法なのだそうです。

まあ、自然の成り行きではあるでしょう。何であれ「中毒」になるほど依存してよいことはありません。

これらはネットやケータイやＩＴのプロフェッショナルたちが、その道を突き詰め、苦悩し、呻吟《しんぎん》した末に辿り着いた境地です。初めからケータイを拒否して何も知らないままの私が同列に語らせてもらってよい相手でも内容でもないことは、百も承知しています。ではありますが、急増してきたネット社会反省本の中でも、本当にケータイを持っていない著者によるものは、おそらくは本書が世界でも初めてだと思います。

え？　だからって何の意味もない？　そりゃまあ、その通りではあります。

「つながらない生活」で、必ずや得られるものが

最後に提案です。ケータイは凶器になりえるのですから、本来はかなり厳しい規制がなされなければならない道具だと思います。

たとえば運転免許証のような年齢制限です。ネットいじめのあまりの酷さに、政府の主導で小学六年生に配布された『ちょっと待って、ケータイ』には、「きみたちは、まだまだ『人生の初心者』」だとありました。とすればマナーを教え込むだけではどうにもならない道理です。人生の初心者は与えるほうが悪い。電磁波への心配もあるのですから、十五歳か十六歳ぐらいまでは携帯してはならない法律が制定されないようでは、まともな社会ではないと私は思います。

とはいっても、ＮＴＴやら警察やらが官民総ぐるみで子どもたちの命も心もカモにして金儲けと天下りに突っ走ってきた結果が現状です。今さらどうにもならないというのが実情ではあるのでしょう。せめて文部科学省と総務省がＩＴ業界と進めている教育ＩＣＴ（Information and Communication Technology＝情報通信技術）の取り組みでは、過去の取り返しのつかない過《あやま》ちから謙虚に学び、子どもたちの人間性がこれ以上は疎外されませんようにと祈らずにはいられません。

ネット空間の匿名性についても大がかりな議論が必要だと思います。警察権力の介入を排除し、政府が導入を急いでいる「マイ・ナンバー」＝国民総背番号制度との連動を完全に遮断した上で、誹謗中傷《ひぼうちゅうしょう》を受けた者がそれなりの手続きを踏めば、書き込んだ者を特定できる制度の新設が、どうして検討されないのでしょうか。匿名の主張というものの意義を全否定する気はありませんが、このままでは無責任こそが言論の原理原則にされてしまいそうで、危険にすぎると考えます。

以上は社会全体に求める環境整備の提案でした。以下は読者の皆さん一人ひとりへの問いかけです。

私みたいに極端な態度を取らないまでも、ケータイのせいで忙しすぎると感じたり、人生の肝心な時間が奪われてしまっているのではないかと疑っておられる方は、できれば週に二日、それが無理なら週に一日でも、休ケータイ日を設けてみてはどうでしょうか。お酒を飲まない休肝日よりははるかに楽だと、私などには思えるのですが。

特に「勤務先に無理やり持たされている」意識の抜けていないあなた。勤務先の方は今後、逆に「ドリーム・アーツ」と同様の「トップレス・ミーティング」が主流になっていくはずです。

問題はむしろ、個人一人ひとりの内面にこそあるのだと思います。ケータイに縛《しば》られるのも勤務先の命令、脱ケータイを図るのも勤務先の命令……。そんなことでいいのでしょうか。

余計なお世話だと、せせら笑われてもかまいません。ただ、私はやっぱり、自分だけがラチ外であり続けるのは寂しいし、苦しいので、もっと仲間がいてほしい。ケータイに操られず、ということは支配もされないで生きていこうぜ、という同志を募りたくもあります。

前出のウィリアム・パワーズさんは、名門「ワシントン・ポスト」紙の元スタッフ・ライターでした。メディアやテクノロジーの分野を担当する、ネットの世界を熟知したプロフェッショナルのジャーナリストなのですが、ワシントンD・Cでの生活に疲れ、数年前、妻子とともにボストン郊外のリゾート地ケープコッドに移ってきたのです。それこそテクノロジーの恩恵で、都心にいなくても仕事はできるというわけです。

彼はボート遊びの最中に海に落ちたのがきっかけで、それまで疑ってもみなかった「つながりは善、つながらないのは悪」という行動原理を見直します。愛用のケータイがオシャカになってしまったために、誰からも追いかけられない。気がつくと家族とのふれあいを大切にし、余裕のある時間を確保しては己の内面を見つめ、外界に気を取られず仕事に集中しては大切なアイディアを十分に熟成されることができている自分を発見したそうです。

パワーズさん一家はやがて、毎週金曜日の就寝時から月曜日の朝までの二日間はモデム（アナログ信号をデジタル信号に変調したり復調したりするデータ回線終端装置）の電源を切ることにしました。土日をパソコンのディスプレイがオフラインになる〝インターネットの安息日〟に位置づけたのです。

ケータイとテレビの電源は切らずにいるそうです。何よりもケータイを目の敵《かたき》にしている私とはこの点が異なりますが、もとより考え方のすべてが一致しているわけでもなし、細かい方法論なんかどうでもいいと思います。ともあれパワーズさんは、モデムという〈世間とのつながりの生命線、デジタル版の水道本管とでも呼ぶべき〉存在を定期的に切断することで、自分自身と家族を取り戻しました。半年後には毎週の安息日を楽しみになったといいます。

パワーズさん一家のような試みは、アメリカでは珍しくなくなってきているようです。『つながらない生活』に引用されていた、ホラー作家の最高峰スティーヴン・キングさんの言葉に、私ははたと膝《ひざ》を叩きました。彼はある時、

「毎日、目が覚めている時間のほぼ半分をスクリーンの前で過ごしている」

と気づいて、習慣を改めることを決意したのだそうです。

「死の床で『もっとたくさんのインスタント・メッセージを送ればよかった』と思う人などいないはずだ」

素敵な考えだと思いませんか？

本書の著者も含めて、四《し》の五《ご》の言ってる奴はどいつもこいつも物書きばっかりじゃないか、と思われるかもしれません。私自身もまた、野良犬みたいな気ままな稼業だから、好き勝手なこともできているのだと弁《わきま》えてもいます（若干の謙遜も含めた言い方なので、あまりストレートに受け止めないでくださいね）。

サラリーマンでも公務員でも、あるいはその他の職種でも、組織の中で暮らしている方々には、では週にたった一日の休ケータイ日を設けることもできないのかと言えば、そんなことはないはずです。一部の特殊な職業を除けば、間違ってもケータイの電源を切ってはならないなどという就業規則があるとしたら、それは立派な過重労働であり、人権侵害です。社会問題にして改善していく必要があります。

甘い？　甘かろうが辛かろうが、当然の権利は当然の権利として守られなくてはなりません。諦めたらオシマイです。世の中のコストのことごとくが個人に押しつけられ、すさまじいストレスを背負わされている現実のほうがおかしいのです。やってよいことと悪いことの区別をつけようじゃないですか。

区別がつけられる時代が、もしもこの目の黒いうちにやってきてくれたら、私もケータイを持とうかなと思います。あ、いいえ、でもそれはもう無理なのでした。あまりに長年にわたって続けてきた意固地《いこじ》に呆れ果てた妻から、私は釘を刺されているのです。

「あなたがもしもケータイを持ちたいと言い出したら、わたし、その時はあなたが浮気をしているのだと思いますからね」

おあとがよろしいようで。

＊　＊　＊

読者の皆さんと、本書に関わってくださったすべての人々に感謝します。それから今はなき同業の大先輩・上之郷利昭《かみのごうとしあき》先生の下で共に学んだ旧友なのに、これまで一緒に本を作ったことのなかった水無瀬尚君。本書は本格的なノンフィクション作品というのではないけれど、編集を担当してもらったおかげで個人的な思いをたっぷり書き込むことのできた、印象深い仕事になりました。本当にありがとう。

日本音楽著作権協会（出）許諾第1211798－201号

切りとり線

★読者のみなさまにお願い

この本をお読みになって、どんな感想をお持ちでしょうか。祥伝社のホームページから書評をお送りいただけたら、ありがたく存じます。今後の企画の参考にさせていただきます。また、次ページの原稿用紙を切り取り、左記まで郵送していただいても結構です。

お寄せいただいた書評は、ご了解のうえ新聞・雑誌などを通じて紹介させていただくこともあります。採用の場合は、特製図書カードを差しあげます。

なお、ご記入いただいたお名前、ご住所、ご連絡先等は、書評紹介の事前了解、謝礼のお届け以外の目的で利用することはありません。また、それらの情報を6カ月を超えて保管することもありません。

〒101―8701（お手紙は郵便番号だけで届きます）
祥伝社新書編集部
電話03（3265）2310
祥伝社ホームページ　http://www.shodensha.co.jp/bookreview/

★本書の購買動機（新聞名か雑誌名、あるいは○をつけてください）

＿＿＿＿新聞の広告を見て	＿＿＿＿誌の広告を見て	＿＿＿＿新聞の書評を見て	＿＿＿＿誌の書評を見て	書店で見かけて	知人のすすめで

★100字書評……私がケータイを持たない理由

名前

住所

年齢

職業

斎藤貴男　さいとう・たかお

1958年東京生まれ。早稲田大学卒業後、日本工業新聞記者、「プレジデント」編集部、「週刊文春」記者などを経て独立。社会の中に潜む、構造的な問題を浮き彫りにしてノンフィクションの形で提示してきた。『消費税のカラクリ』（講談社現代新書）『機会不平等』（文春文庫）『安心のファシズム』（岩波新書）『「東京電力」研究　排除の系譜』（講談社）など著書多数。

私《わたし》がケータイを持《も》たない理由《りゆう》

斎藤貴男《さいとうたかお》

2012年10月10日　初版第1刷発行

発行者……………竹内和芳
発行所……………祥伝社しょうでんしゃ
〒101-8701　東京都千代田区神田神保町3-3
電話　03(3265)2081(販売部)
電話　03(3265)2310(編集部)
電話　03(3265)3622(業務部)
ホームページ　http://www.shodensha.co.jp/

装丁者……………盛川和洋
印刷所……………萩原印刷
製本所……………ナショナル製本

Printed in Japan　ISBN978-4-396-11292-9　C0295

〈祥伝社新書〉
話題騒然のベストセラー！

042
高校生が感動した「論語」
慶應高校の人気ナンバーワンだった教師が、名物授業を再現！
元慶應高校教諭 佐久 協《やすし》

188
歎《たん》異《に》抄《しょう》の謎《なぞ》
親鸞をめぐって・「私訳 歎異抄」・原文・対談・関連書一覧
親鸞は本当は何を言いたかったのか？
作家 五木寛之

190
発達障害に気づかない大人たち
ＡＤＨＤ・アスペルガー症候群・学習障害……全部まとめてこれ一冊でわかる！
福島学院大学教授 星野仁《よし》彦《ひこ》

205
最強の人生指南書
佐藤一斎「言志四録」を読む
仕事、人づきあい、リーダーの条件……人生の指針を幕末の名著に学ぶ
明治大学教授 齋藤 孝

282
韓国が漢字を復活できない理由
韓国で使われていた漢字熟語の大半は日本製。なぜそんなに「日本」を隠すのか？
作家 豊田有恒